生态文明建设与经济发展研究

孙伟立　著

中国商务出版社
CHINA COMMERCE AND TRADE PRESS

图书在版编目（CIP）数据

生态文明建设与经济发展研究 / 孙伟立著. — 北京：

中国商务出版社，2022.9

ISBN 978-7-5103-4428-2

Ⅰ．①生… Ⅱ．①孙… Ⅲ．①生态环境建设－研究－

中国②中国经济－经济发展－研究 Ⅳ．①X321.2

②F124

中国版本图书馆CIP数据核字（2022）第167221号

生态文明建设与经济发展研究

SHENGTAI WENMING JIANSHE YU JINGJI FAZHAN YANJIU

孙伟立　　著

出　　版：中国商务出版社

地　　址：北京市东城区安外东后巷28号　　邮　编：100710

责任部门：发展事业部（010-64218072）

责任编辑：陈红雷

直销客服：010-64515137

总 发 行：中国商务出版社发行部（010-64208388　64515150　）

网购零售：中国商务出版社淘宝店（010-64286917）

网　　址：http://www.cctpress.com

网　　店：https://shop595663922.taobao.com

邮　　箱：295402859@qq.com

排　　版：北京宏进时代出版策划有限公司

印　　刷：廊坊市广阳区九洲印刷厂

开　　本：787毫米×1092毫米　1/16

印　　张：11.75　　　　　　　　　　字　数：200千字

版　　次：2023年1月第1版　　　　　印　次：2023年1月第1次印刷

书　　号：ISBN 978-7-5103-4428-2

定　　价：63.00元

前　言

　　生态文明建设与经济发展已经成为我国全面深化改革的两大主题，生态文明建设有利于促进社会科技的进步与创新，促进社会经济的发展。想要促进自然生态环境和人类经济社会的和谐持续发展，就必须增加人们的生态意识和环保意识，保护生态环境，建立一套以经济为生态的子系统，促进经济科学合理地发展，树立以生态资本为核心的经济理念，从而实现可持续经济发展战略。

　　所谓生态文明建设，就是实现人与自然之间、人与人之间、人与社会之间和谐共处，打造一个良性循环的生态环境，是人类文明存在和发展的基础，是实现经济可持续发展的基础。但是伴随着我国城市人口数量的增加，生活垃圾也随之呈现不断增长趋势，另外，工业污染、煤炭污染和资源过度开发等，使得生态环境与社会经济发展之间出现了不协调的局面。因此，我们需要转变经济发展观念，建立一个环境友好型、生态环保型的社会体系，最终实现经济社会可持续健康发展的目标。本书主要针对经济发展方式的转变与生态文明建设之间的关系进行了分析探讨，并分析了两者之间存在的关系和现状，以便能更好地在保护生态环境的条件下大力发展循环经济。

　　社会发展是生态、政治、经济、文化等因素协调统一的过程，面对环境问题的现状，我们要将生态文明建设思想与经济发展方式的转变相结合起来，构建一个人与自然、人与人之间、社会与经济和谐均衡发展的社会，使其达到社会经济效益、生态效益的统一，走出一条生态良好的文明发展之路。构建和谐社会，就必须要求全民行动起来，提高公民对生态环境的保护意识，树立可持续科学发展观，加大建立生态化的力度，实现生态文明建设与经济可持续发展将指日可待。

为了提升本书的学术性与严谨性，在撰写过程中，笔者参阅了大量的文献资料，引用了诸多专家学者的研究成果，因篇幅有限，不能一一列举，在此一并表示最诚挚的感谢。由于时间仓促，加之笔者水平有限，在撰写过程中难免存在不足，希望各位读者不吝赐教，提出宝贵的意见，以便笔者在今后的学习中加以改进。

目　录

第一章　中国特色生态文明建设的内涵和基本框架

第一节　中国生态文明建设道路的历史特点

一、发达国家生态文明发展道路的历史特征

想要厘清中国特色生态文明发展道路，首先要确立一个参照系。迄今为止，总体上看，发达资本主义国家生态文明化程度是较高的，我们可以将发达资本主义国家的生态文明发展道路作为确立中国特色生态文明发展道路的历史参照。资本主义是反生态的社会制度，这是因为资本逻辑与生态逻辑是冲突的。因此，发达资本主义国家在推进现代化的进程中，受到严重的生态约束，由于约束在资本主义制度框架内难以破解，资本主义国家不得不采用环境保护和生态文明建设手段，在先发优势、资本主义主导的世界经济体系以及强大的经济与科技实力的支撑下，迅速提升生态文明化程度。由此形成了早发资本主义国家的生态文明发展道路。这一道路的历史特征在于：

（一）滞后性

工业文明首先在资本主义国家兴起并推动了资本主义国家的繁荣和发展，同时也最早在这些国家引发生态危机，这成为发达资本主义国家率先推进生态文明建设的动力。但是，从文明推进的层次来看，发达国家现代化进程中的文明推进呈现出政治文明、经济文明、社会文明、生态文明的演变顺序，生态文明是最后的层次。之所以如此，有多重原因。一是现代化进程本身展开逻辑的原因。现代化进程本身具有推进层次的递进性和延展性，相对于政治危机、经济危机、社会危机而言，生态危机的形成与激化是一个相对长期的积累过程。因此，相对于其他文明发展而言，生态文

明发展紧迫性的显现相对滞后，生态文明因此成为现代化进程中相对滞后的推进层次。二是资本主义制度的原因。资本主义的利润逻辑和资本强势，阻碍社会层面和实践层面及时推进生态文明建设。三是资本主义世界体系原因。发达国家依托资本主义主导的世界体系，向欠发达和发展中国家掠夺生态资源，转移生态成本，转嫁生态危机，缓解了国内生态压力。

（二）被动性

整体上看，发达资本主义国家经历的是先发展后环保、先破坏后修复、先污染后治理，牺牲环境换取经济增长的消极性生态文明发展模式。一般都是在生态危机严重爆发后，在公众和利益群体推动下而开始的。例如，最早实现工业化的英国到 20 世纪 50 年代才开始全面推进生态修复和生态保护，起因是出现 1952 年 12 月伦敦出现一周内 4000 多人死于煤烟污染，1953 年伦敦的煤烟污染又导致 800 多人死亡的恶性环境事件。欧洲各国直到 20 世纪 60 年代才开始全面推进生态修复，起因则是瑞士森林里的树木开始枯死，北海沿岸出现红潮，且西欧最大的河流莱茵河成为鱼类消失、生物死亡、人不能游泳的死河。日本也是在 20 世纪 60 年代出现水俣病环境事件后才开始全面启动生态建设的。至于美国，则起步更晚，更为被动。美国直到 1960 年才在民主党和共和党两党辩论中开始涉及资源保护问题，之后才系统制定环境保护政策。1962 年蕾切尔·卡逊在《寂静的春天》一书中揭露杀虫剂的危害之后，还遭受化学工业集团的强烈攻击，因此，资本主义条件下的生态文明建设具有被动性的特点。导致这样后果的原因，一方面是因为生态自觉需要一个过程，另一方面也是更重要的原因是资本主义制度逻辑的钳制。只有当生态破坏导致的生态灾难引发自然的惩罚和人民的反抗，以至于导致资本的危机时，资本主义国家才开始实施改善生态环境的政策。

（三）剥削性

20 世纪 60 年代以后，发达国家开始运用雄厚的资金和强大的技术，建设环保产业，净化废弃物，缓解了部分生态危机，提升了自身的生态文明水平，但是这一点是建立在剥削他国生态资源、破坏他国乃至全球生态环境的基础上的。这种剥削性表现在多个方面。

1. 转嫁生态包袱

发达国家在早期都占有殖民地，殖民地成为这些国家转嫁生态包袱的场所。这种生态包袱的转嫁成为推动发达国家工业化的重要动力。当前，发达国家依然在向发展中国家实施污染转嫁。欧洲环境局资料显示，1995—2007 年，欧洲出口的纸张、塑料制品和金属垃圾数量增长 10 倍。向穷国非法出口垃圾已经成为一项收益巨大和日益增长的国际业务。一些公司利用这种方式降低环境法规带来的成本。因为这些废物在欧洲必须回收或者以不污染环境的方式处理，但是在欧洲将这些垃圾经过简单处理后运往中国所花费的成本只有前者的四分之一。

2. 对全球生态资源的超额消耗

以能源消耗为例，1987 年，人类生态足迹第一次超出地球自我更新能力，人类消耗的能源已经超过能够重新形成的能源。这种结果主要是高收入国家超额消耗能源造成的。目前，高收入国家人均能源消耗量是发展中国家的 5 倍以上；它们的人口只占全球的 15%，却消耗全球能源（石油当量）的 51%。从污染角度看，人为造成的二氧化碳一半来自高收入国家。根据计算，如果人类按照美国生活方式生活，地球只能容纳 14 亿人，以欧洲标准生活，只可以容纳 21 亿人，而当今地球上已有 68 亿人，2050 年将达到 90 亿人。

3. 巨额生态欠债

根据波茨坦气候影响研究所所长汉斯·约阿希姆·舍尔恩胡伯估计的结果，与工业化初期比，世界气温升高了 3.5 摄氏度，主要是因为西方国家的温室气体排放。根据世界资源研究所统计，1850—2005 年间，发达国家人均历史累积排放 667 吨，其中英国为 1125 吨，发展中国家只有 52 吨。如果按照 2050 年全球二氧化碳减排减半计算，发达国家现有排放已经超过其应有份额。根据联合国人口基金会发布《2009 年世界人口状况报告》，占世界 7% 的发达国家人口制造了世界 50% 的温室气体，最贫困的 50% 人口仅制造 7% 的温室气体。

4. 不合理的全球生态权益体系

由于上述历史特点，发达国家在推进自身生态文明发展的同时，也延缓了所有人类生态文明发展的推进进程和水平。更重要的是，给包括中国在内的发展中国家的生态文明发展带来了深远的历史制约。一是导致生态流失。一些殖民地国家遭受严重的生态流失，背上沉重的生态包袱，以至于难以顺利推进自身的现代化进程。二是生态壁垒。发达国家利用先发的经济优势和技术优势，对发展中国家的生态技术和生态产业进行各种市场限制。近期美国启动对中国的绿色环保产业的"301 调查"就是突出例子。三是生态遏制。发达国家通过占领生态技术制高点，依托现有不合理的国际分工格局，掌握生态话语权，以气候、生态问题为名，制约发展中国家的发展，进一步加强对发展中国家的生态遏制。

二、中国特色生态文明发展道路的历史特点

发达资本主义国家生态文明发展道路根源于资本主义本身的剥削性质，建立于资本主义国家主导的国际生态资源分配体系带来的生态霸权，同时也是以经济优势、技术优势、市场优势、话语权优势等先发优势为手段的。因此，对于中国来说，这种道路是不可复制的。

中国生态文明建设的特殊历史背景决定了中国的生态文明建设道路不应该是跟随式的，而应该是跨越式的。当前，中国生态环境面临双重挤压，一是来自传统发展方式的挤压，二是来自不合理国际经济体系的挤压。后者表现为资本主义国家挟持国际组织，凭借资本和科技威力，依托市场和产业链优势，转嫁危机，掠夺生态空间和资源。在这种背景下，跟随式和被动式生态文明建设道路只能导致中国的生态文明永远落后于西方国家，永远受制于西方国家。正如马克思所说的："东方社会为了喝到现代生产力

的甜美酒浆，它不得不像可怕的异教神那样，用人头做酒杯"。生态危机就是这种"人头酒杯"。因此，对于中国来说，必须要探索超越发达国家的生态文明发展道路。

要超越发达国家的道路，必须基于自身的优势。如果说发达国家具有发展生态文明的先发优势，那么中国则具有自身的后发优势。当前，中国的工业文明正在追赶发达国家工业文明，同时正在加快推进生态文明建设的步伐，文明位差在缩小，发展生态文明的后发优势正在显现。如前所述，这些优势包括制度优势、政策优势、资源优势、产业优势、科技优势、文化优势等。

以后发优势为基础，以发达国家生态文明发展道路为参照，可以探索中国特色生态文明超越式发展道路。从历史视角看，其"中国特色"应该体现在下述几个方面：

（一）系统性与同步性

首先，中国生态文明建设的特殊时代背景决定了中国生态文明发展不应该是零散的、应景式的，而应该是系统的、整体的过程。当前，人类已经进入系统的文明重建和文明转换时代，中国不应该像发达国家早期实践那样，单纯开展"头痛医头、脚痛医脚"式的生态建设，相反，要推进从单纯的环境保护、生态修复到系统推进生态文明发展的转变，实现文明形态从传统工业文明向现代生态文明的系统转变。其次，要推进生态文明发展与政治文明、物质文明、精神文明、社会文明发展的同步和协同。生态文明是中国特色社会主义的基础结构，政治建设、社会建设、经济建设、文化建设是建立在此基础上的。中国不能像发达国家那样，在政治文明、物质文明、精神文明和社会文明发展到较高程度以后才开始发展生态文明，而是要实现五大文明发展的整合与联动。通过五大文明发展的整合与联动，推进政府和行政的绿色化、经济生活的低碳化、社会的绿色化以及培育公民的生态文明素质，从而形成推进生态文明发展的强大合力。

（二）主动性与发展性

一方面，中国生态文明发展的特殊制度背景决定了中国的生态文明发展不应该是被动的，而应该是主动的。资本主义的资本逻辑决定了西方国家生态文明建设的滞后性，社会主义本质上是亲生态的社会制度，因此，相对于资本主义生态文明而言，社会主义与生态文明具有本质上的统一性。当前，中国已经开始从传统社会主义向中国特色社会主义转变，为构建亲生态的社会主义奠定了坚实的制度基础。在这种社会制度基础上，可以避免"先污染后治理""先破坏后建设"的传统道路，推进主动的生态文明建设。另一方面，中国生态文明发展的国内背景决定了中国生态文明建设道路不应该是消极的、脱离发展的，而应该是积极的、发展型的。中国还处在发展阶段，发展不够是中国的基本阶段性特征，发展是中国现代化进程面临的首要任务。强调生态文明，不应该否定发展。在这点上，中国的生态文明建设与西方一些思想家从神学和纯粹生物学角度主张的"零增长""负增长"不同，也与一些极端的生态保护主义者主张的"反增长"不同，而是承认发展，承认科学发展，推进发展，推进科学发展，承认工业文明，同时将生态文明建设作为积累绿色资产、开发绿色资源、拓展绿色空间的一种发展手段。因此，中国的生态文明应该是积极的、发展性的。

（三）互利性与内生性

中国生态文明建设的特殊国际背景决定了中国生态文明建设的道路不应该是对外掠夺和转嫁的，而应该是内生的和互利的。如前所述，西方国家依托经济霸权的生态霸权，对他国进行生态掠夺、生态转嫁和生态遏制。中国没有殖民地，处在国际产业链条低端，不会也不可能对他国进行生态掠夺和生态转嫁，更不会对他国进行生态遏制，在与发展中国家的生态交流中，要努力实现互利共享。在整个世界的生态文明建设中，要承担大国应尽的责任。同时，在同发达国家的生态交流中，要力争摆脱生态掠夺、生态转嫁和生态遏制，努力维护国家的生态权益，实现国家生态进出的平衡。

第二节　中国特色生态文明发展道路的时代特征

中国生态文明发展道路的上述历史特色需要体现到现实道路中，形成中国生态文明发展道路的时代内涵。中国的生态文明是社会主义的生态文明，是科学发展观指导下的生态文明，当代中国的生态文明发展道路应该具有鲜明的时代特征。

一、传统生态环境保护道路特征

中华人民共和国成立以来，党和政府高度重视生态环境保护。中国环境保护与生态建设取得了长足进展，为生态文明建设奠定了坚实基础。但是，总体上看，环境保护赶不上环境污染的步伐，中国生态环境仍处于总体恶化状态。之所以如此，是因为传统生态环境保护道路呈现出下述特点：

（一）发展观是忽视生态环保的

前两代发展观都是以经济领域的发展为基本追求，相对忽视生态领域的发展，而且，从实际效果来看，前两代发展观指导下的经济发展是以牺牲环境和生态为代价的，由此形成的传统发展方式已经严重受到资源环境约束，具有生态上的不可持续性。因此，传统发展观难以指导当代中国的生态文明建设。同时，中国传统环境保护道路是传统发展方式的内在组成部分，难以支撑生态文明建设。突出表现在，环境保护以及生态文明建设的推进与科学发展尚未有机地结合起来。

（二）环境保护实际上处于从属地位

难以实现经济发展与环境保护的内在有机结合。尽管环境保护被确立为国策，但是，由于传统经济发展方式的强势存在，环境保护实际上处于服从经济发展的从属地位。在以 GDP 为主要目标的经济发展方式的主导下，一些地方往往将环境保护和节能减排作为次要目标，而一旦节能减排目标被"硬化"后，又往往以暂时牺牲经济发展为代价完成目标任务。

（三）制度缺失

机制不活，科学性不强，尚未形成体制机制体系。例如，资源性产品价格关系不顺、价格形成机制不合理，助长了粗放型、环境破坏型增长方式。环保收费制度、污染者收费制度尚不完善，生态价值体制机制尚未形成，助长环境破坏行为。

二、中国特色生态文明建设的时代特征

与传统发展方式下的生态保护相比，当代中国生态文明建设的时代特征在于：

（一）指导思想特征：科学发展观指导下的生态文明

用科学发展观指导生态文明建设，首先意味着在理念上实现超越。无论是农业文明、传统工业文明，还是现代工业文明和当代科技文明，都是以将自然作为索取对象为基础的。在现代工业文明看来，自然财富是无限的，人的物质需求也是无止境的，人类必须不断开发自然、征服自然、改造自然。当代科技文明源于古希腊的主体—客体二元并立思维方式，因此，当代科学文明也是以二元对立关系的模式来处理人和自然界的关系的，其出发点也是为了人的利益要去征服、改造和利用自然。这种偏颇的价值观导致了生态危机和人与自然关系的异化。正如马克思所指出的，"随着人类愈益控制自然，个人却似乎愈益成为别人的奴隶或自身的卑劣行为的奴隶。"

当代中国的生态文明发展，首先要在理念上实现对农业文明、工业文明、科技文明的超越，一开始就运用生态文明的理念指导生态文明建设进程。生态文明理念的核心，就是人与自然的共生和谐。依据这种理念，一

切发展，应该既是人的物质财富的发展，也是人的生活环境的完善，既是人的发展，也是自然的维护和延续。

确立这种理念，需要全面而深刻的文化重建和理论再创。从文化重建方面，要改变人与自然二元并立的思维方式，确立人类的生态人格，确立生态文明与经济发展协调推进的观念，最终形成人与自然和谐统一的思维方式。在理论再创方面，要在确立资源有限、生态内生观念的基础上，推进哲学、经济学、政治学、社会学、历史学等哲学社会科学理论的绿色化再创进程。

（二）制度特征：人本生态文明发展制度体系

在传统发展方式下，生态环保是物本发展的附属。人的利益特别是生态利益服从经济增长需要。实际上，社会主义生态文明是以人的根本利益为出发点的。正如马克思在描述未来社会时指出的："社会化的人，联合起来的生产者，将合理地调节他们和自然之间的物质交换，把它置于他们的共同控制之下，而不让它作为一种盲目的力量来统治自己；靠消耗最小的力量，在最无愧于和最适合于他们的人类本性的条件下来进行这种物质交换"。

从马克思上述论断出发，在当代中国，建设生态文明，首先要打破把物质财富作为社会生产的基本目的和文明发展的核心价值的物本发展逻辑，构建确保将人的发展作为社会生产的核心价值的制度框架。其次，要适合"合理调节人类与自然之间的物质变换"的基本要求，构建确保生态文明和经济发展协调推进的制度体系。最后，要真正使发展符合"人类本性"，即确保人类代与代之间的可持续发展，构建符合人类整体长远利益的可持续发展制度保障体系，最终形成保障人类持续生存和幸福生活以及人的自由全面发展的社会制度体系。

（三）体制机制特征：社会主义市场经济体制与对外开放条件下的生态文明

过去的生态环境保护工作，主要是在计划经济体制和国家行政手段的基础上推进的，尽管取得了一定成效，但是没有形成长效机制。当代中国的生态文明建设，一方面要充分发挥市场经济体制机制在资源节约、资源利用方面的效率优势，用市场的办法解决资源节约、节能减排、生态环境建设问题；另一方面要充分发挥政府的宏观调控职能，发挥社会主义制度具有集中力量办大事的优势，解决市场失灵的问题。因此，中国的生态文明道路是政府主导、市场化推进、全社会广泛参与生态文明建设之路。

（四）社会特征：自律性社会

传统发展方式的发展是以经济增长为导向的，是资源消耗型和环境破坏型的，在两种状态下，生态文明建设的推进都是他律的、外在强制的。当代中国的生态文明建设应该是在生态自觉基础上的自律性推进过程，因此，要以自律性社会为发展基础。

资源节约型和环境友好型社会建设本质上是当代中国建设自律性社会的抓手。"两型"社会的实质是依据生态文明要求，形成自觉自律的生产生活方式和社会形态，内在地规范和约束人类自身行为。因此，"两型"社会建设的要旨在于形成有利于生态文明的自律性、内生性社会结构和运行体系。具体来说，要构建三个方面的自律体系。一是通过"两型"消费社会建设，形成约束过度追求物质财富和物质享受的内生机制，形成末端自律。二是通过"两型"产业发展和"两型"经济结构构建，形成自律性、内生性经济结构与体系，形成源头自律。三是通过发展生态技术、绿色技术，使生态产业和绿色产业在产业结构中居于主导地位，成为经济增长的重要源泉，构建经济社会绿色生态发展体系，形成过程自律。

（五）文明基础：现代工业文明

建设生态文明不是否定工业文明，而是否定传统工业文明，强调先进的工业文明，即建立在生态文明基础上的工业文明，强调在发展工业文明的同时实现人与自然的和谐，使人民在享受现代物质文明成果的同时，又能够保持和享有良好的生态文明成果。我国还处于社会主义初级阶段，正处于工业化中期，发展生产力、解放生产力仍然是社会主义的根本任务，发展仍然是第一要务。

但是我们不可能享有发达国家实现工业化所享有的自然资源和环境容量，甚至可以说中国的发展是在历史上最脆弱、最严峻的生态环境下推进工业化的。由此决定了中国生态文明建设面临着双重任务和巨大压力：既要补上工业文明的课，丰富物质产品，又要走资源节约、环境友好之路，建设生态文明。世情、国情决定了中国的生态文明建设是一个长期的任务、艰巨的过程，需要我们坚持不懈地努力。

第三节 中国特色生态文明建设道路的基本框架

要全面推进中国生态文明建设，必须立足文明转化，立足长远，立足中国现代化整体进程，确立中国生态文明建设的目标、阶段和重点，在此基础上，形成中国特色生态文明建设道路的基本框架。

一、中国特色生态文明建设的总体目标

立足人类文明转换、中国现代化进程的大视角来看，中国生态文明建设将伴随中国的现代化的整个进程，从这个角度看，中国生态文明建设应该达到下述三个相互递进的目标。

（一）生态良好

这是生态文明建设的基本目标，也是实现其他目标的基础。生态良好的标志是"三个适应"和"三个良性循环"，即生态环境适应生态自身的发展需求，实现生态环境自身的良性循环；适应人的生态需求，实现人与生态的良性循环；适应经济社会发展的生态需求，实现经济社会发展与生态环境的良性循环。

从当前中国实际来看，要达到生态良好，首先要求保护生态，避免进一步的破坏；其次，修复生态，逐渐恢复生态环境自身的良性循环功能；最后，构建生态环境与人的发展以及经济社会发展之间的长效协调机制。

（二）建成生态强国

在全球化时代，生态环境问题已经全球化，一个国家的生态文明程度已经成为国家综合竞争力的重要组成部分。在这种背景下，建设生态文明就成为增强综合国力的重要组成部分，生态文明建设成为强国进程的重要

抓手。因此，建成生态强国就成为生态文明建设的重要目标。

生态强国包括两重内涵：一是通过建设生态文明建设推进强国进程；二是在将中国建成文化强国、教育强国、人才强国、体育强国的基础上，将中国建设成为生态文明的强国。从这个角度看，生态强国的标志在于：一是生态财富雄厚，生态财富包括生态资源、生态产品、生态链条、生态环境、生态空间等，是一国范围内拥有的生态资源、要素与价值的总和；二是生态空间巨大，生态空间包括生态存量空间、生态拓展空间、生态发展空间，是一个国家拥有的生态潜力的总和；三是生态福利丰富，生态福利包括生态产品、生态价值等生态物质福利以及生态文化、生态养生、生态旅游、生态休闲等生态文化福利，是一个国家国民生态需求满足程度的总和；四是生态竞争力强劲，生态竞争力包括生态空间竞争力、生态科技竞争力、生态产业竞争力、生态产品竞争力等，是一个国家生态综合实力的总和。

（三）实现生态现代化

中国作为一个发展中国家，在现代化进程中，生态文明建设的最终目标是实现生态现代化。从广义上讲，生态现代化是指整个中国的现代化进程不是反生态的，而是绿色的、亲生态的，是符合生态文明要求的。从狭义上讲，是指中国的生态环境达到现代化的程度，即高度文明化的程度。

因此，生态现代化的内涵与标志可以归结为：一是将经济现代化、政治现代化、文化现代化、社会现代化纳入生态文明的轨道，实现现代化进程与生态文明建设进程的同步协调推进；二是中国的生态文明水平达到现代化程度，或者说接近发达国家的文明化程度。具体来说，在生态技术、生态产业、生态文化、生态制度等方面，接近或达到现代化的水平。

二、中国生态文明建设的推进阶段

上述目标的实现无疑是一个长期的过程，如何有步骤、分阶段地实现建设生态文明的战略目标？有些已经比较明确，有些尚需继续探讨。

（一）生态良好目标的实现阶段

1996 年，中国制定了《中国跨世纪绿色工程规划》，1998 年，制定了《全国生态环境建设规划》，提出到 2030 年，全面遏制生态环境恶化的趋势，使重要生态功能区、物种丰富区和重点资源开发区的生态环境得到有效保护，各大水系的一级支流源头区和国家重点保护湿地的生态环境得到改善；部分重要生态系统得到重建与恢复；全国 50% 的县（市、区）实现秀美山川、自然生态系统良性循环，30% 以上的城市达到生态城市和园林城市标准。到 2050 年，力争全国生态环境得到全面改善，实现城乡环境清洁和自然生态系统良性循环，全国大部分地区实现秀美山川的宏伟目标。

（二）生态强国的推进阶段

生态文明建设具有阶段性特征，可以分为初级阶段和高级阶段两个阶段，不同阶段具有不同的特征和重点的建设任务。生态文明的初级阶段是转变工业文明发展方式的实施阶段，是经济社会的发展与自然的冲突逐步减小的时期。初级阶段生态文明建设的重点应是自然系统的改善和安全，最基本的要求是经济和社会系统对于自然系统的利用在资源环境的承载能力范围内。初级阶段重点任务是实现经济增长和生态环境退化脱钩，经济增长和环境改善相互促进，经济发展实现绿色增长，社会制度和文化意识符合生态文明理念。但在初级阶段，为满足经济增长的目标，不可能实现二氧化碳排放总量减少，重点提高二氧化碳的排放效率。在高级阶段，人类社会与自然环境的相互关系进一步改善。经济增长和自然环境改善的同步性快速提高，历史积累的环境问题得到全面解决。低碳经济和低碳文明真正建立，二氧化碳排放总量逐渐降低，气候系统自然运行。可持续发展模式真正实现，经济和社会子系统高效运行，自然子系统人为扰动小，全面实现人与自然的和谐相处。生态文明作为一种文明形态在世界范围内得到普及。

就中国而言，生态强国进程应该与新世纪的国家发展进程相适应。因此，中国的生态强国进程大体可以分为两个阶段：一是民族复兴意义上的生态强国，即到 2050 年前后，在基本实现中华民族伟大复兴的同时，实现中华民族的生态复兴，形成民族复兴意义上的生态强国；二是现代化意义上的生态强国，即在基本实现现代化的基础上，建成现代化意义上的生态强国。

（三）生态现代化的推进目标

中国有可能不需要经过许多西方国家曾经经历的高消耗资源、高污染排放的过程，直接进入绿色发展阶段，也不必要等达到较高收入时再来实施绿色发展战略。21 世纪中国现代化的主题和关键词是绿色发展、科学发展，中国绿色现代化可通过"三步走"战略来实施：第一步是从 2006 年至 2020 年，为减缓二氧化碳排放、适应气候变化阶段，在"十二五"期间，大大减少排放量速度，在"十三五"期间，排放量趋于稳定且达到顶峰。第二步是从 2020 年至 2030 年，进入二氧化碳减排阶段，到 2030 年，二氧化碳排放量大幅度下降，力争达到 2005 年的水平。第三步是从 2030 年至 2050 年，二氧化碳排放继续大幅度下降，到 2050 年下降到 1990 年水平的一半，基本实现绿色现代化。中国的绿色现代化道路是一条创新之路，它将不同于英国工业革命以来经济增长与温室气体排放共同增长的传统发展模式，而是在 21 世纪上半叶创新一种经济增长与温室气体排放同期下降乃至脱钩的绿色发展模式。同时，绿色现代化也是中国必选之路，中国应对全球气候变化、发展绿色经济，调整产业结构、发展绿色产业，投资绿色能源、促进绿色消费，不仅不会影响中国长期经济增长率，还会大大提高经济增长质量和社会福利，实现经济发展与环境保护、生态安全、适应气候变化的"多赢"。

我们赞成上述观点，但是这种分析主要是从技术层面，即节能减排角度分析中国生态现代化的推进阶段。因此，还应将生态现代化作为一个整体性、系统性推进进程，进一步丰富不同阶段的目标内涵。

三、中国生态文明建设的内涵与重点

中国生态文明建设是庞大的社会体系和系统工程，涵盖了社会生产、生活的各个方面，包括先进的生态理念、文明的生态政治、发达的生态经济、完善的生态体制、合理的生态消费、良好的生态环境等，并由此构成了中国生态文明的内涵与重点。

（一）形成先进的生态理念

江泽民在第四次全国环保会议的讲话中指出："环境意识和环保质量如何，是衡量一个国家和民族的文明程度的一个主要标志。"思想是行动的指南。生态文明建设不是项目问题、技术问题、资金问题，而是价值观问题，是人的灵魂问题。需要转变人们以往无知无畏自然的生态价值观念，唤醒民众尊重自然的生态意识，树立人与自然和谐相处的文明观念。

中国生态文明建设最重要的是要培养先进的生态理念。只有在先进的生态理念指导下，才会有符合生态文明建设要求的生态行为方式，包括生态的生产、生态的消费以及为此而制定的政策体系和法律制度。我国有着14亿人口，人们生态文明意识的强弱对于建设生态文明具有重要的意义。因此，把握正确的舆论导向，唤起全民的节约意识、环境意识、文明意识，对于我国走出一条符合生态文明要求的科学发展道路具有重大的意义。

先进的生态理念是生态文明的精神依托和道德基础，它不仅是协调人与自然关系的前提，还是协调人类内部有关环境权益的纽带。联合国环境规划署等机构在发布的《保护地球——可持续生存战略》中明确要求，"努力使一种新的道德标准———一种进行持续生活的道德标准得到广泛传播和深刻地支持并将其原则转化为行为"。先进的生态理念包括生态道德、生态公平、生态责任和生态文化。

生态道德是用来约束和规范人类对待自然、对待环境的生态行为准则。它与传统道德不同，传统道德是调整人与人、人与社会之间的相互关系和行为规范，而生态道德具有不分地域的全球性，超民族、超阶级、超集团利益的，把道德对象范围扩展到整个生命界与生态系统，把人的价值取向调整到生态化和社会公平，规范人类对自然的行为，构建"人类对自然环境的伦理责任"，从而实现生态文明。

（二）构建文明的生态政治

环境问题也是一个政治问题。根据生态政治学的观点，一个国家政治体制的模式及其政治功能的发挥在很大程度上并不取决于人们的主观选择，而是由一系列复杂的生态因素影响和作用的结果。政治存在于生态环境之中，与生态环境保持着动态平衡。孟德斯鸠通过大量的实地考察，认为政体和法律的形成及其精神取决于一国人民生活的环境，这种环境包括气候和土壤等自然条件、技艺与贸易等生产条件、智力与道德的气质和倾向以及民族性格等。孟德斯鸠以不同的环境来说明各主要政体差异的由来，说明不同类型的政体是被强制适应这些不同环境的。当代美国政治学家 D. 伊斯顿认为，政治系统是社会功能的一个组成部分，而这一部分是由自然的、生物的、社会的、心理的环境包围着的。政治系统处在这些环境的影响之下，又反过来作用于这些环境。当今产生的"大气污染，土壤退化，全球变暖等现象均与政治现象有关，它折射出了与之相关的多种政治现象，反映的既是人与自然之间的关系，又是人与人之间的关系。"生态危机对人民群众生存与发展的严重危害，是引发社会不稳定的重要因素。全球环境问题正日益渗透到国际政治中，成为国际政治的一部分。"为了协调人类和自然生态系统的关系，人类社会进行深刻的变革，变革的起因在于生态，但变革的本身在于社会和经济，而完成变革的过程在于政治。"生态危机影响到社会公正，不同地区、阶层、代与代之间对资源环境实际拥有和享用的不公正，如富裕人群的人均资源消耗量大，人均排放的污染物多，环境补偿能力强；贫困人群恰恰相反，往往是环境污染和生态破坏的承受者，这就迫使人们寻求一种新的政治解决途径，从而导致了环境问题的日益政治化。如 20 世纪 70 年代西方发起的"绿色政治运动"就是例子。"绿党"现象的实质就是要通过社会政治运动迫使政府和社会采取措施，以维护公民所应有的环境权。

文明的生态政治是指将人类放到自然生态系统的背景中，通过公平、正义协调人与人之间、人与社会之间的关系，从而通过民主政治实现其对社会的管理。文明的生态政治主要包括三个方面的内容：一是政府决策行为的生态化；二是社会公民的生态参与；三是良好的生态治理结构。

政府决策行为在促进生态环境持续发展过程中处于主导地位，具有举足轻重的作用。它可以把各种权利、手段有效结合起来，提升公众的环境意识、科学素质，调控人口数目和素质；通过政府实施教育工程改变人们无节制地追求物质享受的消费观念和消费方式，培育全新的政治生态观。政府决策行为生态化就是政府通过政策、法令、规章制度、教育方式等对环境保护进行直接干预，同时通过对经济发展模式、公众行为的影响又间接干预生态环境的保护。

首先，政府制定合理的政策来处理环境问题，解决环境与发展的矛盾。例如，2008年北京举办"人文奥运""绿色奥运"，全国各地都积极响应国家的号召，改善环境、保护环境，在森林覆盖面、大气指数、水的净化等各个方面都有了显著的成绩。其次，从政治制度设计和安排着手，着重减少市场失灵和政府失灵对生态系统造成的危害，进而实现生态环境资源的有效配置，推动经济增长方式的根本转变，培育出一个全新的人与自然、人与人双重和谐的社会主义生态文明。再次，把生态文明建设的绩效纳入各级党委、政府及领导干部的政绩考核体系，建立健全监督制约机制。引导各级领导干部深刻认识发展与人口、资源、环境之间的辩证关系，了解经济活动对生态变化的影响及其变化规律，提高对生态质量变化的识别能力和解决问题的能力，增强保护和改善生态环境、建设生态文明的自觉性和主动性。最后，加强生态法治建设。运用生态环境保护法律法规来维护人民群众的生态环境权益，通过建立和实施生态环境违法违规责任追究制度，激发和强化各级领导干部、环保执法人员、环保产业单位及其从业人员和广大人民群众的生态文明建设责任意识。

文明的生态政治离不开广大人民群众积极而广泛的政治参与。公民的政治参与对于解决环境问题具有重要的作用，有助于激发公众参与政治的责任感和积极性，壮大环境保护的力量，有助于实现对政府的监督，制止政府从自身利益出发做出短期行为，制定不恰当的政策；有助于社会以和平方式解决生态环境危机，避免政治动荡和社会冲突。推进生态文明建设，必须发挥人民群众的主体作用。没有人民群众的参与热情和主体作用的发挥，生态文明建设将一事无成。

生态治理是人与自然的和谐相处的动态过程，它要求人类的经济活动必须维持在生态可承载的范围之内，同时也是人与社会的良性互动过程，它主要通过合作、协商、伙伴关系、确立认同和共同的目标等方式实施对公共事务的管理。生态治理的良性互动机制，建立在市场原则、公共利益和认同的基础之上，其权力维度是多元的、网格的，而不是单一的和等级化的。随着我国经济的发展和社会的进步，社会主体越来越多元化，利益格局越来越多样性，这就要求包括政府、非政府组织、企业、社会中介、民间组织、公民个人在追求生态利益过程中，与生态产生良性互动，构建和谐关系。

（三）发展发达的生态经济

生态文明是发达的生态经济文明。走生态文明的发展道路并不是不要经济的发展，而恰恰相反，发展依然是第一要务，关键在于借助科学技术的力量废弃工业文明的发展模式，着力调整经济结构，转变发展方式，发展生态产业，使经济发展建立在资源节约、环境友好的基础上，建立在生态良性循环的基础上，其基本价值取向是：是否有利于可持续发展，是否有利于生态环境的保护，是否有利于人与自然的和谐相处。发达的生态经济大体上可分为绿色经济、低碳经济和循环经济三种类型。这三种类型的经济本质上都是符合可持续发展理念的生态经济发展模式，在指导思想上追求人类和自然界相互依存、相互影响，讲求经济发展要在资源环境的承载力范围内；在具体实践中追求资源的节省，利用效率的提高，进行清洁生产，倡导适度消费、物质尽可能多次利用和循环利用；在最终目标上追求促进人与自然和谐和经济社会的可持续发展。

（四）培育完善的生态体制

体制文明是很重要的文明。体制是对人类生产生活行为做出的制度安排，建设生态文明需要有完善的体制机制作为保障，包括政治体制、经济体制和法律体制。

工业文明政治体制的本质特征是资本专制主义，它以资本投资效益最大化为目标，以个人主义为哲学基础，社会和自然只是达到个人价值的目的和手段。生态文明的政治体制则应该是以社会的根本利益为出发点，维护社会的根本利益的制度安排，其中特别要关注人类生存环境的保护和生态文明建设。社会主义市场经济体制是有利于生态文明的经济体制。其优势在于，力求使资源的价格充分反映生态、资源和环境的真实成本，让污染者、资源开发和使用者承担环境和生态破坏的损失、资源耗竭的成本，从而构建合理的资源价格体系，促使市场主体减少资源的浪费和对生态环境的破坏，从事节能、环保、资源有效利用的经济活动，进而促进资源节约型社会经济体系的形成。具体表现为：（1）实行绿色 GDP 制度，将体现生态、自然、环保等绿色 GDP 要素统计进去，把环境成本从经济增长的数值中扣除，以绿色 GDP 作为衡量经济发展的重要指标。（2）实施绿色经济政策，运用价格、税收、财政、信贷、收费、保险等经济手段，影响市场主体行为，包括：其一，绿色市场准入，对"两高"企业实行初始准入限制和动态淘汰机制。其二，绿色价格，形成反映市场供求关系、资源稀缺程度、环境损害成本的生产要素价格机制，推进资源性产品价格和环保收费改革。其三，绿色税收。对开发、保护、使用环境资源的纳税单位和个人，按其对环境资源的开发利用、污染、破坏和保护的程度进行征收或减免税收。其四，排污权交易。提高排污收费水平，调动污染者治污的积极性，在资源价格改革中充分考虑环境保护因素，以价格和收费手段推动节能减排。（3）实行资源有偿使用制度、生态环境补偿机制和严格的环境保护目标责任制。生态补偿是以保护和可持续利用生态系统服务为目的，以经济手段为主调节相关者利益关系的一种制度安排，主要包括对生态环境本身保护（恢复）或破坏的成本进行补偿，对个人或区域保护生态系统和环境的投入或放弃发展机会的损失进行补偿，以及对具有重大生态价值的区域或对象进行保护性投入。

生态文明建设不仅需要生态道德的力量来推动，也需要法律法规进行"硬约束"。法律作为以国家强制力为保障的调整社会关系的工具，在保护生态环境和资源的合理利用方面是一种非常重要的手段。从国际社会来看，国际环境法的迅速发展增强了国际环境保护措施的有效性和强制性，对各国经济和社会发展进程产生深刻影响。未来的国际社会，将通过立法来解决国际环境争端，防止冲突和发展合作关系，保证国际环境安全。在我国生态环境的法治建设还比较滞后的情况下，环境法律体系尚不完备，如缺少约束政府行为的环境法律，环境民事赔偿尚无法律依据，弱势群体受到环境损害后得不到必要补偿，处罚力度弱，缺乏强制手段，违法成本低，守法成本高、执法成本高等。因此，必须建立和完善适合中国国情的环境保护法律体系，并严格执法，为生态文明建设提供法律保障。

（五）确立合理的生态消费

人类的消费模式直接体现着人与自然的关系。在工业文明社会，高消费是经济发展的原动力，在"物质主义——经济主义——享乐主义"思想指导下，遵循"增加或消费更多的物质财富就是幸福""充分享受更丰富的物质即为美"的价值观，通过世界科学技术的发展，形成了大量生产大量消费的生产生活模式。生态消费是一种绿化的或生态化的消费模式，它是指既符合物质生产的发展水平，又符合生态生产的发展水平，既能满足人的消费需求，又不对生态环境造成危害的一种消费行为。这种合理性主要表现为消费是在维护自然生态环境平衡的前提下，在满足人的基本生存和发展需要的基础上的适度的、绿色的、全面的、可持续的消费，它超越物质主义和享乐主义，最大限度地减少对能源的消耗和对环境的破坏，具有精神消费第一性的特点。

建立合理的生态消费，一是要加强消费引导，引导正确的消费观念，引导合理的消费需要，引导加强精神文化消费；二是要加强消费者教育，向消费者倡导科学、合理、文明的消费观念，教育消费者形成良好的消费习惯，努力提高消费者的素质；三是要推行可持续消费政策，促使消费者由传统的消费理念向可持续消费理念转变，促使建立与合理消费结构相适应的产业结构，积极扶持绿色消费运动。

（六）建成良好的生态环境

任何人都必须生活在一定的环境之中，优美的生态环境，使人的生态需要得到最好的满足，是人类的最大幸福；恶劣的生态环境，不仅无法满足人的享受、发展的需要，而且影响人的生存，甚至造成人类的悲剧。生态环境，是决定人类命运的头等大事，也是建设生态文明的出发点和归属。

四、中国特色生态文明建设道路的基本框架

基于前述分析的发达国家经验与模式，中国生态文明建设的目标、阶段、重点，可以概括出中国特色生态文明建设道路的基本框架。具体来说，包括下述十个部分，这也是中国生态文明的十大支柱。

一是生态友好型发展方式。这是中国特色生态文明建设道路的总体基础，是中国生态文明的发展方式支撑。生态不文明在很大程度上说是一种发展现象。生态文明必须建立在生态友好的发展方式的基础上。中国现有发展方式是生态破坏型发展方式，因此，加快生态破坏型发展方式向生态友好型发展方式的转变，是中国特色生态文明建设的长远支撑和总体基础。

二是低碳产业结构。这是中国特色生态文明建设道路的现实基础，是中国生态文明的产业支撑。生态文明化程度与产业格局密切相关，产业结构的高碳化是传统生态破坏型发展方式的基础，因此，构建低碳化产业结构，推广低碳产业技术，形成低碳发展结构，是中国生态文明建设的现实

基础。

三是生态制度安排。这是中国特色生态文明建设道路的制度安排，是中国生态文明的制度支撑。生态文明建设需要体制机制和制度安排的支撑。当今时代，这种体制机制的核心，是将生态环境资源化、价值化的市场机制，主要采取市场定价、市场交易的方式。以市场化为核心构建生态文明的制度框架，是中国特色生态文明建设可持续推进的制度保障。

四是生态科技创新。这是中国特色生态文明建设道路的核心支柱，是中国生态文明的技术支撑。生态问题解决最根本的是靠技术创新，生态文明建设最根本的也是靠新的技术。因此，面向生态文明的科技创新是中国特色生态文明建设的基本内容。

五是"两型"社会。这是中国特色生态文明建设道路的社会基础。生态文明建设需要社会基础。传统经济体制下，整个社会的生产、消费以及管理行为缺乏基于环境友好和资源节约的社会约束和规范，社会运行呈现出整体的资源浪费和环境破坏特征。因此，构建资源节约型和环境友好型社会，是建设中国特色生态文明的基础工程。

六是合理的空间经济布局。这是中国特色生态文明建设道路的空间依托。不合理的国土开发与空间布局不仅拉大原燃料和动力的输送距离，导致能源损耗和污染，加剧局部地区和局部产业生态破坏，更重要的是促使地区经济结构简单重复和趋同，导致专业化分工协作效率与效益损失，导致生态效率与效益损失。因此，按照生态文明要求推进国土开发合理布局，是中国特色生态文明建设道路的空间依托。

七是开放合作格局，这是中国特色生态文明建设的开放格局，是中国生态文明的国际支撑。在全球化背景下，生态文明建设已经成为全球任务，需要各个国家协同推进，中国要推进自身的生态文明建设，需要发挥自身优势，加强国际合作，利用国际资源，才能为人类生态文明建设做出自身贡献，同时提升自身的生态竞争力。

八是生态文化。这是中国特色生态文明建设的文化基础。生态文明建立在生态文化的基础上，建设生态文化，包括提高人的"生态商"，增强社会人群的生态意识，提升人的"生态人格"，是推进生态文明建设的内生动力和思想基础，因此也是中国特色生态文明建设道路的文化支撑。

九是评价体系。这是中国特色生态文明建设的"指挥棒"和"风向标"。评价标准影响人的行为，传统干部绩效评价体系主要关注经济增长速度和规模，相对忽视对环境的破坏和治理。要建设生态文明，必须确立与生态文明建设要求相适应的绩效、政绩评价体系，构建中国特色生态文明建设的引导系统。

十是生态理论联盟。这是中国特色生态文明建设的理论支撑。从生态文明的视角来看现有理论，可以发现，社会科学和人文科学诸多重大领域的理论存在严重的生态缺失，需要通过将生态文明植入，通过理论"绿化"，形成有利于生态文明建设的人文社会科学理论联盟，构成中国特色生态文明建设的理论支持体系。

第二章　中国生态文明建设的现状与未来

进入 21 世纪的中华民族，满怀着激荡的光荣与梦想，昂首阔步前进在历史的大道上。在伟大的改革开放进行四十多年后的今天，中华民族再次崛起在世界东方的舞台上。三十多载的团结、拼搏、奋进，中华儿女开创了具有中国特色的社会主义事业，中国的发展取得了举世瞩目的成就。一路走来，我们深深体会到发展的力量，那是一种让国家强盛、人民富裕的力量。因此，发展是硬道理，是实现中国社会现代化的必由之路。然而，当中国急迫地想消弭农业文明的烙印，高歌猛进式地向工业文明大步迈进之时，另一种力量正悄然阻碍着我们社会的发展，越来越成为我们生存的巨大威胁——自然资源过度消耗，环境问题日益严重，经济发展不能以牺牲环境为代价。全球生态的日益恶化，正像一把达摩克利斯之剑，悬挂在人类发热的大脑上，随时会落下，斩断一切历史前进的道路。人们开始思考，如何在环境保护和经济发展的博弈中寻求平衡。追求人与自然和谐相处的研究和实践活动也逐渐成为当今社会发展的主旋律，进而成为全球性的时代潮流。这预示着人类开始进入一个新的文明时代，即生态文明建设时代。

第一节　"生态文明"理念提出的背景

自 19 世纪工业革命以来，在资本主义工业文明所倡导的生产无限扩大、消费主义至上的理念驱动下，资本的原始冲动将原本属于自然生命一部分的人类，无情地异化为与自然母体对立的对象。人类在征服自然的幼稚的自我膨胀中，忽视了自然生命的主体价值，出现了唯人类为主体的幻象。虽然工业文明带来了人类历史上前所未有的惊人的物质财富，使人们享受着这种文明带来的便利舒适的生活，但是，工业文明对自然资源无休止地掠夺式索取，对生态环境惊人的破坏，使自然母亲已经精疲力竭、伤痕累累、不堪重负。海啸，洪水，干旱，火灾，地震，沙尘暴、龙卷风……一切自然灾难现象，都向只贪图一时享乐的人类警示着：饮鸩止渴式的发展方式将误导人类走进发展的死胡同，如果不扭转这一局面，人类将以自我创造出的文明终结一切历史发展的进程。1962 年美国海洋生物学家莱切尔．卡逊在其具有里程碑意义的名著《寂静的春天》里说道："现在，我们正站在两条道路的交叉口上，一条是我们习以为常的工业文明所坚持的经济无限增长，最后引起生态危机的灾难之路；另外一条则是选择保住地球环境的生态文明之路。"这是人类第一次面对生态危机做出的严肃思考。1972 年，首届人类环境会议在瑞典斯德哥尔摩召开，世界各国坐在一起共同保护自然环境，标志着生态环境文化理念已经成为全人类的共识；1973 年，英国学者汤因比在《人类与大地的母亲》一书中，以历史学家的远见卓识，提出了人类面临何去何从的困境；1987 年，联合国世界环境与发展委员会在《我们共同的未来》报告中提出了可持续发展理念，形成了人类建构生态文明的第一个纲领性文件。该报告用"可持续发展"的概念，总结并统一了人们在环境与发展问题上所取得的认识成果，使它们构成了一个具有内在逻辑联系的有机整体，从而把人们对这一问题的认识提升到了一个新的高度；而且第一次深刻而全面地论述了 20 世纪人类面临的三大主题（和平、发展、环境）之间的内在联系，并把它们当作一个更大课题（可持续发展）的内在目标来追求，从而为人类指出了一条摆脱目前困境的有效途径，这是一次巨大的飞跃；1992 年，世界环境与发展大会在巴西里约热内卢召开，会上形成了文件《21 世纪议程》，开启了生态文明发展的道路，这是人类建构生态文明的一座重要里程碑。它不仅使可持续发展思想在全球范围内得到了最广泛和最高级别的承诺，而且还使可持续发展思想由理论变成了各国人民的行动纲领和行动计划，为生态文明社会的建设提供了重要的制度保障。2002 年，可持续发展世界首脑会议在约翰内斯堡召开，确认经济发展、社会进步与环境保护共同构成当今世界可持续发展的三大支柱。2005 年 2 月 16 日，人类有史以来希望通过控制自身行动以减少对气候变化影响的首个国际文书《京都议定书》终于正式生效。这一系列已经进行和未来即将进行的生态环境保护举措说明了，生态环境的保护意识已经演化为全球人类的共同意识，生态文化成为世界文化的主流文化形态，也成了人类社会和平发展的共同选择。在"里约会议"精神的鼓舞下，20世纪90年代我国政府开始关注经济、社会与环境协调发展问题，相继通过了一系列相关重要文件，如《中国21世纪议程—中国人口、资源、环境发展白皮书》（1994年）、《全国生态环境保护纲要》（2000年）、《可持续发展科技纲要》（2000年）等。1995年9月，党的十四届五中全会庄重地将可持续发展战略纳入"九五"和2010年中长期国民经济和社会发展计划，明确提出"必须把社会全面发展放在重要战略地位，实现经济与社会相互协调和可持续发展。"这是在我党的文献中第一次使用"可持续发展"概念。以江泽民同志为核心的党的第三代中央领导集体多次强调，在现代化建设中，必须把控制人口、节约资源、保护环境放到重要位置，使人口增长与社会生产力的发展相适应，使经济建设与资源环境相协调，实现良性循环。2002年党的十六大把建设生态良好的文明社会列为全面建成小康社会的四大目标之一；2003年党的十六届三中全会提出了全面、协调、可持续的科学发展观；2006年党的十六届六中全会提出了构建和谐社会、建设资源节约型社会和环境友好型社会的战略主张。胡锦涛同志在中央人口资源环境工作座谈会上的讲话中指出："可持续发展，就是要促进人与自然的和谐，实现经济发展和人口、资源、环境相协调，坚持走生产发展、生活富裕、生态良好的文明发展道路，保证一代接一代地永续发展。"2007年，党的十七大首次把建设生态文明写入党的政治报告，并作为全面建成小康社会的新要求之一："基本形成节约能源资源和保护生态环境的产业结构、增长方式、消费方式，生态文明观念在全社会牢固树立"。提出建设生态文明，是我国经济发展模式的根本转变，是我们党科学发展、和谐发展理念的又一次升华，是为广大人民群众谋福祉理念的重要体现。2012年，党的十八大在十七大提出四个文明的基础上，把生态文明建设提高到新高度，纳入小康社会五个目标，纳入中国特色的五位一体的建设中国特色社会主义总体布局，明确提出今后的生态文明建设的四项任务：优化国土空间开发格局，全面促进资源节约，加大资源生态系统的环保力度，加强生态文明政治建设，把生态文明制度化、法治化、规范化。

第二节　中国建设生态文明的意义及现实作用

生态文明是指人们在改造客观物质世界的同时，积极改善人与自然的关系，从而建设有序的生态运行机制和良好的生态环境所取得的物质、精神、制度方面成果的总和。生态文明是人类在处理与自然关系时所要达到的文明程度，它是相对于物质文明、精神文明、政治文明而言的。生态文明创造的生态环境为物质文明、精神文明、政治文明提供必不可少的生态基础，反过来三个文明又分别体现着生态文明的物质、精神、制度成果。对此，党的十八大将生态文明建设纳入"五位一体"中国特色社会主义总体布局，要求"把生态文明建设放在突出地位，融入经济建设、政治建设、文化建设、社会建设的各方面和全过程"，在"四位一体"的基础上，增添了生态文明建设。作为"五位一体"总体布局的组成之一，生态文明建设不仅要发挥重要的成员功能，还要与其他"四大建设"融为一体，共同发展，齐力推进中国特色社会主义现代化建设和中华民族伟大复兴，因而，其地位更突出，功能也更特殊。把生态文明建设提高到"五位一体"整体推进中国特色社会主义制度建设高度来认识，深刻把握生态文明建设对"五位一体"总体布局的特殊意义和作用机制，对大力推进生态文明建设，努力建设美丽中国，具有十分重要理论意义和现实意义。

一、中国建设生态文明的意义

新中国成立以来，特别是改革开放以来，党中央、国务院采取一系列政策措施，有力地促进了生态建设和环境保护事业的发展。但是，由于自然、历史和认识等方面的原因，中国在取得巨大发展成绩的同时，也造成了严重的环境污染和生态破坏，生态环境压力很大。

目前我国生态环境形势严峻：一是森林质量不高，草地退化，土地沙化速度加快，水土流失严重，水生态环境仍在恶化；二是农业和农村面源污染严重，食品安全问题日益突出；三是有害外来物种入侵，生物多样性锐减，遗传资源丧失，生物资源破坏形势不容乐观；四是人口问题形势严峻。人口规模庞大，素质较低，人口老龄化严重；五是资源危机显现，关系到国计民生的重要资源人均占有量低；六是生态功能继续衰退，生态安全受到威胁，工业固体废物产生量急剧增加，全国大气污染排放总量仍处于较高水平，全球变暖、臭氧层破坏等等。由此可见，党的十八大提出"大力推进生态文明建设"，在我国有极其重大的现实意义和深远的历史意义。

（一）生态文明的提出是我国发展道路上的一大飞跃，大大提高了中国的国际地位

党的十七大报告提出生态文明的要求："建设生态文明，基本形成节约能源资源和保护生态环境的产业结构、增长方式、消费模式"，这是中国共产党首次把"生态文明"写进党代会报告，充分彰显了我们国力不断增强、国际威望不断攀升、负责任大国的形象。党的十八大报告把生态文明建设纳入中国特色社会主义事业总体布局，正式拓展为经济建设、政治建设、文化建设、社会建设、生态文明建设"五位一体"。这体现了我们党与时俱进的理论勇气和政治智慧，展示了我们党以人为本、执政为民的博大情怀，开辟了坚定不移地走中国特色社会主义道路的广阔前景。

中国特色社会主义，既是经济发达、政治民主、文化先进、社会和谐的社会，又是生态环境良好的社会。其中，经济建设是基础，政治建设是保证，文化建设是先导，社会建设是归宿，生态文明建设是前提。坚持和实现科学发展，必然要求生态文明建设与经济建设、政治建设、文化建设、社会建设相融合相协调，赋予经济建设、政治建设、文化建设、社会建设以生态尺度。必须把生态文明建设融入经济建设、政治建设、文化建设、社会建设全过程和各方面，才能更好地坚持和发展中国特色社会主义伟大事业。

党的十八大报告提出大力推进生态文明建设，标志着我们党对经济社会可持续发展规律、自然资源永续利用规律、生态环保规律和执政规律的认识进入了新境界。

建设生态文明是我们党创造性地回答经济发展与资源环境关系问题所取得的最新理论成果，为我国实现中华民族永续发展和子孙后代永享蓝天净水绿地提供了更全面、更深入的理念和方法论指导；是我们党积极主动顺应广大人民群众新期待，进一步丰富和完善中国特色社会主义事业总体布局的战略部署；是我们党充分吸纳中华传统文化智慧并反思工业文明与现有发展模式不足，积极推进人类文明进程的重大贡献；是我们党深刻把握当今世界发展绿色、循环、低碳新趋向，对可持续发展理论的拓展和升华。

（二）生态文明是中国可持续发展能力建设的需要

改革开放 40 多年来，中国取得了举世瞩目的建设成就，然而代价和损失也是惨重的，这就是愈演愈烈的环境污染。城市空气污染、乡村水体污染、水土流失、土地荒漠化、外来物种入侵、生态系统全面退化，都对我们发展思路提出了新挑战。中国在扮演"世界工厂"角色的同时，环境污染也由境外转移到了境内，据有关资料显示：一方面，我国人均资源不足，人均耕地、淡水、森林仅占世界平均水平的 32%、27.4% 和 12.8%，石油、天然气、铁矿石等资源的人均拥有储量也明显低于世界平均水平。另一方面，由于长期实行依赖投资和增长物质投入的粗放型经济增长方式，能源和其他资源的消耗量增长很快，生态环境恶化问题日益突出。另外，全国有 36% 的城市河段水质为劣 5 类，多数城市地下水受到一定程度的点状和面状污染；在受监测的 341 个城市中，有 66.7% 的城市空气质量低于国家二级标准；全国城市垃圾真正达到无害化处理的数量占不到总量的 10%，55.7% 的城市噪声处于中度以上污染水平，严重的环境污染导致市民染有多种疾病，异军突起的乡镇企业又将污染从城市赶到乡村，现在又有污染企业"北上西进"的趋势。鉴于这种趋势，我们必须从战略高度上认识生态环境问题。

（三）生态文明建设是社会主义市场经济体制发展的必然要求

市场经济的载体是商品，商品来自自然资源的转化和再生，而自然资源是有限的。加强生态文明建设，就会使人们自觉维护生态平衡，有意识地去改造、利用和保护自然，走生态经济型发展道路，以扭转全国生态状况整体上仍在恶化的趋势，促进市场经济的进一步繁荣。

（四）生态文明建设是构建社会主义和谐社会的重要内容

和谐社会应是人、社会、自然三者的统一。没有生态文明，人们将会不断遭受自然灾害、瘟疫等的袭击，身体健康和生命财产安全将得不到应有的保障，由此必然引发社会的动荡不安。因此，构建和谐社会必须加强生态文明建设，只有物质文明、政治文明、精神文明、生态文明"四个文明"一起抓，并发挥其内在的有机联系效应，才能构建社会主义和谐社会。

（五）生态文明是中国未来发展及建设的战略基础

生态文明观将指导中国未来的可持续发展，最终实现人与自然的和谐。尤其是在城市化过程中生态文明将起到举足轻重的作用。生态文明建设的生态生产力观、价值观及可持续发展观为城镇发展提供充足的动力。同时生态文明建设可以促进舒适、便捷、安全、和谐、美丽的城市人居环境的形成，使城市真正成为社会安定文明、生态环境优美、文化生活繁荣、市民风尚良好、人民安居乐业的现代生态城市。另外，把生态文明建设同吸引外资、发展高科技产业和旅游业有机结合，从而将被动的生态欠账补救建设变为主动、有规划、大规模的生态文明建设，也将有效地促进城镇经济的高速、健康地发展。

（六）生态文明的提出有利于指导解决中国发展新阶段面临的一些突出问题

在现代社会中，生态文明是人类文明的一种形式。它以尊重和维护生态环境为主旨，以可持续发展为根据，以未来人类的继续发展为着眼点。这种文明观强调人的自觉与自律，强调人与自然环境的相互依存、相互促进、共处共融。近年来我国的人口、生态环境、自然资源和经济社会发展的矛盾日益突出，许多环境污染、生态破坏、资源缺乏、物价上涨等问题日益浮现在我们面前，这些问题的出现有其历史必然性同时也是人类在社会建设中忽视生态平衡、盲目发展而犯的错误引起的。随着我国工业化建设范围的扩大，生态文明的提出必然能使我们在发展经济建设的同时平衡人与自然的关系，从而缓解现有的社会矛盾，改善我们的生存环境。

二、中国建设生态文明的现实作用

中国是世界上人均资源占有量极低的发展中国家，生态文明建设面临的问题十分艰巨和紧迫，而且生态文明建设密切关联子孙后代的福祉，是整个社会长远发展征程中的一盏永恒明灯。建设生态文明是一个在经济、社会、文化、环境等领域内具有共同指导作用的重要治国理念。提出建设生态文明，并把其思想贯穿到包括人的思想道德发展在内的整个社会文明发展的体系之中，是中国治国理念的实质性提升，必将产生久远的积极作用。

（一）起着净化功能的作用

生态文明建设的净化功能，不仅包括对自然生态的净化，还包括对人类文明系统和人类自身的净化。生态文明倡导"尊重自然、顺应自然、爱护自然"的价值理念，承认并遵循自然应有的主体性和文明性，因此，生态文明理念下的生态环境建设，既要加强生态环境的治理，又要加强生态保护，实施生态修复，让自然生态休养生息和按规律发展进化，给自然留下更多修复空间，还自然应有的"天蓝、地绿、水净"的美丽景观，实现对自然生态的净化。作为对工业文明的反思和超越，生态文明要求摒弃"人类中心主义"的工业文明价值观以及"大量生产、大量消耗、大量排放"的工业化模式，运用生态文明的理念和技术等，对工业文明社会下人类生产生活方式及其组织运行系统进行生态化改造，使经济增长与生态环境退化脱钩，社会制度和文化意识符合生态文明理念，实现对人类文明系统的净化。与此同时，人的价值观、人性以及人格也在生态文明建设中得到净化。工业文明的理论和实践将人性的多面性、复杂性单纯地抽象为"理性经济人"，人性中自私和追求物质利益的一面在工业文明的价值体系和制度框架下得到最大化发展，而人性中对人与自然、人与社会融洽关系的追求却被忽视和弱化。建设生态文明，就是要除去人性中过度自私和最大化追求物质利益的"杂质"，唤醒人性中的生态良心和生态意识，不仅遵从"经济理性"，也要遵从"生态理性"，回归多面人性，推动人从"经济人"到"生态理性文明人"的转变，实现人格的净化，促进人的自由全面发展。

（二）起着提升功能的作用

生态文明建设融入经济、政治、文化与社会等建设的过程，既是一个生态化的过程，也是一个绿色转型和质量提升的过程。我国在工业化尚不发达、工业文明程度还不高的情况下建设生态文明，不是全盘否定工业文明，而是对被工业文明固化和锁定的价值理念、行为模式和制度安排等进行生态化改造和绿色提升。通过实施空间管治，控制开发强度，调整空间结构，优化国土空间开发格局，建立可持续的产业结构、生产方式和消费模式，加快转变经济发展方式，使空间开发更加有序、资源环境利用更加节约、产业结构更加生态化高级化、生态制度更加法治化，从而提高经济社会发展的质量和效益，使我国经济发展活力和竞争力、文化软实力以及可持续发展能力都提升到新的水平。

（三）起着协调功能的作用

生态文明建设通过净化人与自然的关系，重塑人与人、人与社会的关系，协调"五位一体"内部各组成部分之间的关系，最终协调生产关系与生产力、经济基础与上层建筑的关系。经济建设、政治建设、文化建设和社会建设是一个有机整体，生态文明建设这一新成员的加入，通过融入"四大建设"的各方面和全过程，打通各建设系统之间的有机联系，有利于各建设系统之间形成相互支持、彼此推动的良性机制。工业文明具有强大的惯性，生态文明不可能像从原始文明到农业文明再到工业文明一样，自发、自动地形成，因此必须对现行体制机制进行生态化改造，对生产关系不适应生产力发展水平、上层建筑不适应经济基础的弊端进行绿色变革和创新，从而为经济、文化、社会建设的生态化提供强制力量，在这个过程中，不仅促进了生产力的发展和解放，也促进了生产力与生产关系、经济基础与上层建筑的相互协调。

经济、政治、文化和社会"四大建设"是现实运行中的系统，生态文明建设融入这个系统，不是简单叠加，也不是以一个独立的外在因素"输入"或"植入"，而是在基本不改变现实系统结构和功能的前提下，将生态文明建设的要求、目标和内容等要素，体现和融合在现实系统的目标、任务与部署之中，使之成为现实经济社会运行系统的有机组成部分，从而实现生态文明建设与现有经济社会发展紧密结合，而不是"两张皮""两条线"。

（四）起着滋养功能的作用

根据马克思社会有机体理论，人类社会是一个不断运动和发展着的活的有机体，只有不断与自然界进行物质变换才能存在和发展，人类所创造的各种积极成果以及所积累的各种文明都无法离开生态环境这一自然基础。生态文明建设为"四大建设"奠定坚实的自然基础，提供丰富的养分，起到"滋养"作用。生态环境建设为经济建设奠定坚实的自然基础和源头活力，增强经济发展的可持续能力；发达的生态经济是"五位一体"总体布局的物质基础；推进生态文明建设，保障生态安全，有利于政治稳定和政治发展，加快社会主义民主和法治进程；生态文化建设为社会主义核心价值体系的建设增添新的内容，促进社会主义文化大发展大繁荣；着力解决损害群众健康的突出环境问题，保障群众的环境权益、提高人民健康水平，是促进民生改善和社会和谐的重要条件。

第三节　中国生态环境现状分析

生态文明在我国的提出，实际上是人们对可持续发展问题认识深化的必然结果。作为世界人口数量最多的国家，中国的人均资源占有量却大大低于世界人均水平。以 2004 年为例，中国消耗的各类国内资源和进口资源在 50 亿吨左右；中国已成为煤炭、钢铁、铜的世界第一消费大国，继美国之后的世界第二石油和电力消费大国。原油、原煤、铁矿石、钢材、氧化铝和水泥的消耗量，分别约占世界总消费量的 7.4%、31%、30%、27%、25% 和 40%，而创造的 GDP 仅相当于世界总量的 4%。中国许多行业和地区资源利用效率低、浪费大。高消耗换来的增长，导致废弃物排放多、环境污染严重，因此，中国单位 GDP 的废水、固体废弃物排放的水平大大高于世界平均水平。随着经济的快速发展资源需求量随之增加，中国面临的资源和生态安全压力还会持续加大。依靠大量消耗资源支撑经济增长，不仅使资源供需矛盾更加突出，也制约了经济增长质量和效益的进一步提高。过去很长的一段时间，环境保护的问题，在中国始终没有得到应有的重视。我们曾经高喊着“人定胜天”的口号，毁林垦荒、围湖造田。改革开放初始，就有专家学者大声疾呼——中国不能走西方国家先污染后治理的老路。但那些为官一任的急功近利者根本听不进逆耳的忠言。改革开放以来，我国经济的高速发展几乎都是以环境污染加剧和资源能源的大量消耗以及生态破坏为代价的。据有关资料统计，我国创造 1 万美元价值所消耗的原料，是日本的 7 倍，美国的近 6 倍，印度的 3 倍。据统计，目前我国仍有 61% 的城市没有污水处理厂。全国城市污水处理率只达 42%，并且已建成的城市污水处理设施中，还有相当一部分运行不正常。只有不足 20% 的城市生活生产垃圾才能够按环保的方式处理，三分之一的土地遭遇过酸雨的袭击，七大河流中一半以上的水资源完全不可用，四分之一的中国人没有纯净的饮用水，三分之一的城市人口不得不呼吸被污染的空气。据中科院测算，目前由环境污染和生态破坏造成的损失已占 GDP 总值的 15%，超过了 9% 的经济增长。我们正面临着残酷的社会现实：人口包袱沉重、自然资源不足、生态系统破坏、环境质量下降宣告着环境危机正在越来越严重地制约经济发展，成为吞噬经济成果的恶魔。有关数据显示，目前，中国二氧化硫排放量世界第一，二氧化碳排放量世界第二。有关部门监测的 343 个城市中有 3/4 的居民呼吸不到新鲜空气。中国将近十分之一的耕地遭到污染，是世界三大酸雨区之一。全国荒漠化面积占国土面积的 28% 左右，并且每年还要增加一万多平方公里。全国 18 个省的近四亿人口的耕地和家园受到威胁。中国年度污水排放量为四百多亿吨，排名世界第一，占据环境容量 82%。全国 70% 的江河水系受到污染，七大水系中劣五类水质占 41%，基本丧失了使用功能。城市河道 90% 以上严重污染，甚至造成了"天上七彩虹，地上五彩河"的"奇观"。全国 3.6 亿农村人口喝不上符合卫生标准的饮用水。中国近 60% 的城市人口居住城市的空气污染水平，是美国平均水平的两倍，是世界卫生组织（WHO）推荐水平的 5 倍。依据世界银行的估计，中国每年有数以十万计的人因污染而早亡。全球污染最严重的 20 个城市中，中国占了 16 个。中国由于环境污染造成的直接经济损失每年高达 2800 多亿元人民币。中国 70% 的能源需求依赖煤炭，比世界平均水平高 42 个百分点，以煤为主的能源消费结构和比较粗放的经济增长方式，带来了许多环境和社会问题。适当降低煤炭消耗，可以有效改善我国能源结构。但是，煤炭现在是、将来（直到 2050 年或更晚）仍是我国能源的主力。近年来我国原油进口量不断攀升，2009 年我国原油进口量突破 2 亿吨，2010 年突破 2.39 亿吨，2011 年突破 2.5 亿吨，2012 年突破 2.7 亿吨，2013 年突破了 2.8 亿吨的关口，达到了 2.82 亿吨。根据目前我国宏观经济增长与能源消费之间的变化情况，2014 年，我国石油和原油净进口量分别达到了 3.04 亿吨和 2.98 亿吨，较 2013 年增长 5.3% 和 7.1%。数据显示，2006 年全国环境投诉达 60 万人次，比 2005 年增加了 30%。近年来因污染引发的群体事件以平均

29%的速度增长。2013年全国平均霾日数为35.9天，比2012年增加18.3天，为1961年以来最多。中东部地区雾和霾天气多发，华北中南部及江南北部的大部分地区雾和霾日数范围达到了50~100天，部分地区甚至超过了100天。酸雨分布区域主要集中在长江沿线及中下游以南，其面积占到了国土面积的10.6%。近年来，我国沙尘天气渐多，2011年、2012年我国沙尘天气分别达到了8次和10次。2013年春季的首次沙尘天气就影响了新疆、甘肃、内蒙古、宁夏、陕西、山西、河北、北京8省（区、市）126个县市，受较大影响土地面积约52万平方公里，人口约2600万，耕地面积约423万公顷，经济林地面积约24万公顷，草地面积约4100万公顷。另据《2013中国环境状况公报》显示，全国环境质量状况有所改善，但生态环境保护形势依然严峻，最受公众关注的大气、水、土壤污染状况依然令人忧虑。可怕的数字告诉我们，物质财富的增长不能与环境污染同步增长，更不应在能源使用上竭泽而渔，消费模式的改变也不应以破坏生态文明为结果。近年来的自然灾害频繁发生，大自然母亲正在以她特有的方式告诉她的儿女要与自然和谐相处，如果贪婪索取和肆意破坏，她就会惩罚我们这些不听话的孩子。从高能耗、低产出、污染严重的工业文明，走向高效率、高科技、低消耗、低污染、整体协调、循环再生、健康持续的生态文明，推动整个社会走上生产发展、生活富裕、生态良好的文明发展道路是我们唯一的出路。人类的发展应该是人与社会、人与环境、当代人与后代人的协调发展。在这个过程中，不仅要讲究代内公平，而且要讲究代与代之间的公平，亦即不能以当代人的利益为中心，为了当代人的利益而不惜牺牲后代人的利益。必须讲究生态文明，牢固树立起可持续发展的生态文明观。长期以来，我国GDP增长率是评价地方官员政绩的一个不成文的标准，导致一些地方为追求一时的经济发展速度，不惜违背经济规律，其结果是，经济建设取得了"辉煌成果"，生态环境却遭到严重破坏，可持续发展受到损害。事实证明，单纯的GDP增长指标不能全面真实地反映问题，它没有体现经济增长过程中的环境损失和资源消耗成本。所以，以牺牲能源消耗、环境资源为代价，换取某种经济增长，带来一时的经济数字的增高，却留下了长远的隐患。我们只有把经济发展与环境、资源保护以及人的全面发展结合起来，才能对生产要素产生最科学的集聚效应，并营造出源源不断的发展后劲。

第四节 对生态文明理念下若干经济学问题的思考

党的十八大报告提出："建设生态文明，是关系人民福祉、关乎民族未来的长远大计，必须树立尊重自然、顺应自然、保护自然的生态文明理念，把生态文明建设放在突出地位，融入经济建设、政治建设、文化建设、社会建设各方面和全过程，努力建设美丽中国，实现中华民族永续发展。"

建设生态文明，并不是放弃对物质生活的追求，回到原生态的生活方式，而是超越和扬弃粗放型的发展方式和不合理的消费模式，提升全社会的文明理念和素质，使人类活动限制在自然环境可承受的范围内，走生产发展、生活富裕、生态良好的文明发展道路。生态文明绝不是简单的污染防治，而是经济发展过程中的一种社会形态，是人类为保护和建设美好生态环境所取得的物质成果、精神成果和制度成果的总和，包括先进的生态伦理观念、发达的生态经济、完善的生态制度、可靠的生态安全、良好的生态环境。建设生态文明，以把握自然规律、尊重自然为前提，以人与自然、环境与经济、人与社会和谐共生为宗旨，以资源环境承载力为基础，以建立节约环保的空间格局、产业结构、生产方式、生活方式以及增强永续发展能力为着眼点，以建设资源节约型、环境友好型社会为本质要求。生态文明作为科学、全面、系统的先进思想和战略任务，贵在创新，重在建设，成在持久。生态文明理念及建设实践具有鲜明的特征。

在价值观念上，强调尊重自然、顺应自然、保护自然。生态文明倡导给自然以平等态度和充分的人文关怀，关注和尊重生态环境的存在及其意义，从"向自然宣战""征服自然"向"人与自然和谐共处"转变；倡导主动遵循和正确运用自然规律，合理有效地利用自然，禁止对自然无节制的攫取、对资源无序的开发利用。

在指导方针上，坚持节约优先、保护优先、自然恢复为主。节约优先就是提高资源综合利用率，以最小的资源消耗支撑经济社会发展，促进生产空间集约高效；保护优先就是正确处理发展与保护的关系，把环境承载力作为发展的首要前提，努力不欠新账、多还旧账，促进生活空间宜居适度；自然恢复为主，就是减少人为干预，让其休养生息，早日恢复和提高生态系统服务功能，促进生态空间山清水秀。

生态文明建设是一项艰巨而又复杂的系统工程，要使其目标顺利地得以实现，就必须选择和运用与社会主义市场经济和科学发展观相适应且行之有效的科学方法。当前有些人把科学发展观等同于一种单纯经济发展模式的改变，甚至把资源节约型与环境友好型社会的构建降低到一个技术层面，这是非常片面的。科学发展观追求的是经济、政治、文化、社会各个领域可持续发展的整体变革，而生态文明正是科学发展观深刻内涵的最新补充。

与长期以来所提倡的环境保护、污染防治、清洁生产等概念相比，生态文明概念具有更深刻、更丰富的内涵，对物质文明、精神文明和政治文明建设的重塑具有更鲜明、更广泛的导向性。通过变革经济领域的生产、消费、贸易方式，转变精神领域人的世界观、价值观，创新政治领域权力运作方式，生态文明将多层次、多角度地指引中国实现发展方式的历史性转变，这必将推动和谐社会的建设，促进全面建成小康社会目标的实现。

中国生态经济学的研究时间不长，研究的学者也不多。生态经济学是研究生态经济系统的结构及其矛盾运动发展规律的学科，是生态学和经济学相结合而形成的一门边缘学科。它的内涵和基本主张始终没有离开经济发展的主线，它的理论阐述只是为了人类经济社会的可持续发展服务。所以，学者们应该密切注意与实践的经济学结合，围绕经济建设的中心，使生态文明建设沿着健康的轨道发展。

生态文明主张人与自然的和谐，这种和谐必须以维护人类经济利益为前提。从某种意义上说，它与我们倡导构建和谐社会的目标是一致的。和谐社会应该包括人与自然的和谐，人与人的和谐、人自身的和谐三个方面的内容。人与自然的和谐是和谐社会的核心。只有人与自然和谐、人与人的和谐、人自身的和谐才会有物质的前提。而人与自然的和谐又是以经济发展为基础的。人类的经济发展应当是衡量一切事物发展的标准，生态文明的发展建设也不能离开这个标准。

生态文明的建设不能离开人类经济的发展，而人类经济的发展在现阶段必须实行人的生态化转向。所谓人的生态化，是指人类的经济发展必须朝着人与自然、人与人、人自身和谐的方向发展。它包括人的个性、素质和精神世界的充分发展。人的生态化是实现马克思主义人的全面发展理论的现实手段和最佳途径。这里所讲的生态化是一个从经济学层面上规定的具有经济意义的概念，蕴涵有人类经济发展的意义。人的生态化实现要纳入到人的全面发展的目标体系中来，以人类经济发展为基础，将建立在人与自然和谐基础上的人的生态发展和建立在人与人和谐基础上的人类发展结合起来，构建一个人的生态化发展的立体模式。生态文明主张人与自然和谐，这就为人的生态化经济发展目标的实现提供了重要的理论支持和智力支持，我们必须用好这个理论支持和智力支持，使人的生态化发展目标能够实现。

大力发展生产力，变革和调整生产关系，创造高度的物质文明、精神文明、政治文明和生态文明，这是实现人的生态化的重要方法。特别是生态文明的创造要与和谐生态伦理的观念完全吻合。生态文明的建立，不仅仅使自然生态优美，社会生态和谐，更是经济生态发展的重要动力。如何解决人与自然的矛盾，维护和保持自然生态的平衡，走出全球生态危机的困境，人们提出了许多的对策，它们的共同不足在于，没有考虑到人类经济发展与自然生态发展的一致性，不知道生态文明的建立最终会促进物质文明的发展。和谐生态伦理主张生态文明与经济发展的相符性，这应该成为人的生态化发展与和谐社会目标实现的有力方法之一。

生态文明是社会文明体系的基础，社会主义的物质文明、政治文明和精神文明都离不开生态文明。生态文明建设不仅需要道德力量的推动，更需要政府出台必要的政策、制定相关法律法规来进行硬约束。我国现已启动天然林保护、退耕还林、生态草场等建设项目，大规模生态建设正与大规模经济建设同步进行、协调发展。在党的正确领导下，我国生态文明建设必将迎来稳步发展的新时期。

从党的十七大报告提出"建设生态文明"，到党的十八大报告提出"大力推进生态文明建设，提高生态文明水平，建设美丽中国"，说明党已经把生态文明建设提到了全党理论的高度，这实际上是建设和谐社会理念在生态与经济发展方面的升华，不仅对中国自身有着深远影响，而且也是对全球日益严峻的环境生态问题所做出的庄严承诺。中国经济在全球总量中比例迅速上升，在环保中担任的角色也越来越受到各国关注。在此情况下，大力推进生态文明建设，将对全球性污染和气候问题的解决产生推动作用。

第五节 加快中国生态文明建设的对策建议

十八大报告关于生态文明建设在中国特色社会主义事业中的地位的阐述，充分彰显了中国共产党人对于马克思主义理论的无限忠诚和深刻领悟，也展现了我们党勇于实践、开拓进取的不懈追求与旺盛活力。21世纪初是中国生态文明建设的关键阶段。改革开放以来，我国的生态文明建设取得了巨大成就，但生态文明建设的任务依然艰巨。基于我国生态文明建设面临的困境与挑战，我们必须以建设美丽中国需从我做起为主题，继续坚持以人为本，以人与自然和谐共存为主线，以经济发展为核心，以提高人民生活质量为根本出发点，以体制创新为突破口，推动整个社会走上生产发展、生活富裕、生态良好的文明发展道路。

一、加强生态教育，提高全民族的生态道德素质

生态道德意识是建设生态文明的精神依托和道德基础。只有大力培育全民族的生态道德意识，使人们对生态环境的保护转化为自觉的行动，才能解决生态保护的根本问题，才能为生态文明的发展奠定坚实的基础。一是要广泛深入地在全社会认真组织开展好生态文明的教育。从儿童到老人，从文盲到知识分子，全社会每一个有行为能力的人，都要列入接受教育的范围。要从娃娃抓起，培根固蒂，帮助他们从小就学会判断与自然关系的是非、善恶，正确地调节自己的行为。要从小学到大学，配备专门的生态文明教材，并纳入教育内容结构体系。政府有关部门要在经费投入和工作安排上加大面向社会宣传、普及、推广等软环境建设的力度，利用大众传媒和网络广泛开展国民素质教育和科学普及。同时，加快培育一批熟悉优生优育、生态环境保护、资源节约、绿色消费等方面基本知识和技能的科

研人员、公务员和志愿者。

二是要增强人们搞好生态文明建设的责任感、紧迫感。要使人们真正认识到生态问题主要是人为造成的。黄河为什么会断流？据1998年中科院的考察结果，用水量超过水资源的承载能力是首要因素。长江为什么会洪涝泛滥？据考证，是长江流域尤其是长江中上游地区的植被遭到大量破坏，水源涵养功能衰减，水土流失加剧，中下游运河、湖泊、塘堰淤积，防洪能力被大大削弱的后果。通过这种"忧患教育"，使人人都能够从维护人类整体利益和长远利益出发，把生态意识转化为自己的道德良心，把保护自然生态环境作为自己义不容辞的责任，并自觉地规范自身对待自然生态的行为。三是要在人们的心目中重新树起勤俭节约的传统美德。为此，要建立完善的生态教育机制，要运用广播、电视、报刊等各种新闻媒体，广泛宣传绿色产业、绿色消费、生态城市、生态人居环境等有关生态文明建设的科普知识，将生态文明的理念渗透到生产、生活各个层面和千家万户，增强全民的生态忧患意识、参与意识和责任意识，树立全民的生态文明观、道德观、价值观，形成人与自然和谐相处的生产方式和生活方式。

二、探讨德法机制，努力实施生态文明的规范约束

全民生态文明水平的提高，不仅需要用一定的生态道德、原则教育各个层次的社会成员，使受教育者真正树立生态文明观念，明确善恶标准，而且需要我们注重个体实践生态文明能力的培养。一是要确立人们的生态文明建设主体地位，注意培养人们的自我锻炼能力、自我教育能力、自我陶冶能力，也就是不断提高人们履行生态文明准则和规范的本领，并表现出一种良好的心理状态，真正实现由"他律"向"自律"的转变，达到"慎独""自省""自讼""随心所欲不逾矩"的自由自主的境界。二是要寻求德法并举的社会约束机制。法律规范以强制性手段规范社会成员的行为，使其形成不得不遵循或服从的意识。法律的约束是一种外在的关系，属于"他

律"。健全的法律体系和良好的法治氛围，对于保护和建设生态环境，具有道德不可替代的"硬约束"作用。而道德规范则是一种"软约束"，表现为一种特殊的自我控制力和自我约束力。任何一种社会形态的有序、协调发展，都离不开一定道德规范的整合和调适。解决生态问题需要人们具有高度的责任感，需要以生态道德规范来约束和评价人与自然关系的一切活动。实践证明，单纯依靠法律不行，因为它不能代替道德的社会调适功能；单纯依靠道德也不行，因为它不能代替法律的强制功能。只有实现法治和德治的相互补充，相得益彰，同频共振，才能有效避免和纠正一切对待生态的失范行为。

三、把握内在规律，注重推动生态文明的社会实践

生态文明建设既是理论问题，又是实践问题；既是认识世界的问题，又是改造世界的问题。因此，不仅要把教育和约束作为生态文明建设的基本方法，而且要突出和强化实践环节，把社会实践作为推动生态文明建设的根本途径。根据生态文明建设的内在规律及要求，推动生态文明建设的社会实践，一是党的意识形态机构特别是各种媒体，要进一步拓展生态文明的传播渠道，加大宣传力度，为生态文明的建设实践创设良好的舆论环境，提供正确的导向。二是人大和各级政府要加大生态环境保护的立法和执法力度，加大解决生态问题的决策和管理力度，集中力量推行生态治理工程，如"天然林保护工程""退耕还林工程""野生动植物保护和自然保护区建设工程"等，为生态文明建设实践提供良好的法制环境和物质条件。三是有关专家学者要深入搞好对生态文明建设规律和方法的研究探讨，积极为生态文明建设出谋划策，献计献策，提供科学的理论依据和足够的智力支持。四是充分发挥人民群众的主体作用，大力开展各种形式的生态文明建设主题实践活动，形成全社会人人参与的机制，努力使生态文明规范转化为广大人民群众的自觉实践。实践活动要坚持从群众最关心的事情做

起，从具体事情做起，与社会公德、职业道德、家庭美德、个人品德的教育活动密切结合起来，与解决生态问题的各项业务工作有机结合起来，贴近基层，贴近群众，贴近生活，贴近实际，防止和克服形式主义与急功近利思想，扎扎实实地推动生态文明建设向着理想的目标迈进。

四、改革生产方式，做强作大生态产业

对现行生产方式进行生态化改造是推进生态文明建设的重要手段。现阶段发展生态产业的重点，是要建立起资源节约、环境污染减少的国民经济体系，走生态农业、生态工业的发展道路。发展生态工业，一是要加大产业结构和产业布局的战略性调整，努力推进传统企业向高新企业转移，不断提升产业发展的规模和档次，为生态环境改善创造条件。二是要以治污治散为重点，搞好工业园区的规划建设和治理整顿。三是要大力推行ISO14000环境管理体系认证，主动按照国际通行的"绿色"标准组织生产，提高产品在国际市场上的竞争能力。与此同时，要下决心关停并转那些能源消耗大、经济效益差、环境污染重的企业。发展生态农业，主要包括绿色农业食品和绿色食品原料，生态林业、草业、花卉业，生态渔业，观光农业，生态畜牧产品，生态农业手工业等方面。为此，要研究开发生态技术，防止土壤肥力退化，进行植物病虫害综合防治，实现生活用能替代和多能互补、废弃地复垦利用和陡坡地退耕还林，发展山地综合开发复合型生态经济、以庭院为主的院落生态经济，以及农村绿色产业和绿色产品，提高农业产业化水平，促进农村生态经济的发展。另外，还要重视生态旅游业和环保产业的发展。

五、实施生态工程，全面推进生态环境的保护和治理

生态工程是生态文明建设的重要组成部分。结合我国的自然、经济和

社会特点，"十三五"期间，应重点解决危害人民群众身体健康、社会最为关心的环境问题：一是要加强城乡饮用水水源地保护，加强工业废水和城市污水的生态处理，抓好重点流域、区域、海域的污染防治工作；二是要抓好退耕还林还草和植树造林工程，特别是风沙源治理、天然林保护和沿海防护林等生态工程建设；三是要防治大中城市空气污染、危险废物污染，防止生态破坏；四是要加快自然保护区、环境优美城市和生态省（市、自治区）的创建工程；五是要在鼓励使用可再生资源的同时，控制可再生资源的利用率不能超过其再生和自然增长的限度，提倡少用或不用不可再生资源，防止资源骤减，力争全面推进生态环境的保护和治理。

六、采取有效措施，完善生态文明建设的政策体系和法律体系

生态文明建设不仅需要道德力量的推动，也需要政府和权力机关出台必要的政策、制定相关法律法规来进行硬约束。一是要建立综合决策制度，用政府的权威保证生态环境免遭破坏。特别是在制定规划、计划及重大经济行为的拟议过程中，充分发挥政府综合决策的作用，把生态环境目标和经济发展目标结合起来、统筹考虑，以从源头上解决对生态的危害问题。二是要适时出台相关政策，用宏观调控手段引导生态建设的积极性。包括：引导生态型项目开发的扶持性政策，防止和遏制破坏性经营的刚性约束政策，旨在快速恢复生态植被的资源补偿性政策，以及旨在为生态文明建设提供智力支持的科技投入政策。三是要充分发挥环境和资源立法在经济和社会生活中的约束作用。首先，要把生态文明的内在要求写入宪法，在根本大法上保证生态文明建设的健康发展；其次，要制定一个统一的"自然资源保护法"，使自然资源的合理利用得到法律上具体而切实的保障；最后，要在各种经济立法中突出生态环保型经济的内涵，使经济与生态文明的协调发展在经济法中得到充分体现。同时，要加大执法检查的力度，努力做到有法必依，执法必严，违法必究，切实维护法律的尊严。

第三章　中国生态文明建设的制度基石

第一节 现行制度与生态文明建设的总体要求

制度创新与变迁是中国生态文明建设的基石。改革开放以来，尽管国家出台了一系列关于生态文明的制度安排，但是总体上看，现行制度不适应生态文明建设的基本要求。

一、生态文明建设与制度创新的耦合性

在人类文明不断进步和经济社会不断发展的进程中，自然资源与生态环境经历了由"富余"到"稀缺"，性质由"公共物品"和"生存资源"向"准公共物品甚至私人物品"和"战略资源"转换的过程，在这一过程中形成了环境污染、生态恶化等现象。制度的缺失或失效及对行为的不当激励是重要原因之一。

在生产力诸要素中，人是最活跃的因素。美国著名经济学家舒尔茨认为，"空间、能源和耕地并不能决定人类的前途，人类的前途将由人类的才智的进化来决定"，人与资源环境和谐共处是实现资源生态可持续发展的基本条件。但是，受有限理性和机会主义行为倾向的影响，人类行为无论在主观还是客观上都存在偏差。历史也已证明，人类文明在从原始文明、农业文明向工业文明演化过程中，人的因素大于自然因素。环境污染、生态破坏归根到底是人的有限理性（不能平衡短期利益与长期利益，从而牺牲生态环境追求短期经济增长；不能对防止生态破坏的法律执行情况进行实时监控，从而难以将生态保护法律法规落到实处等）和机会主义行为倾向（企业以损人利己方式生产，消费者以损人利己方式生活，自己受益，别人买单）等人性弱点造成的。而制度具有拓展有限理性和将外部性内在化等功能，"没有规矩，无以成方圆"。人类行为的合理与否直接影响着生态文

明建设的成败，这就有必要为人们提供一个科学合理的制度框架。通过规定哪些可以做、哪些不可以做、违反游戏规则的代价是什么等等，给人们以明确的预期，激励或约束人类行为，引导人类行为朝着制度的预定目标发展。

实践证明，在决定一个国家经济增长和社会发展方面，制度具有决定性的作用。技术的革新固然为经济增长注入了活力，但人们如果没有进行制度创新和制度变迁，并通过一系列制度创新把技术创新的成果巩固下来，那么人类社会的长期经济增长和社会发展是不可设想的。人类社会从工业文明走向生态文明是历史的必然选择，严峻的资源环境与生态问题产生了对制度变迁的需求，制度创新与变迁是中国生态文明建设的制度基石。

二、现行制度的历史沿革

进入 21 世纪以来，中国初步形成了生态文明建设的基本制度框架。在指导思想方面，2007 年党的十七大报告提出，"要建设生态文明，基本形成节约能源资源和保护生态环境的产业结构、增长方式、消费模式。"将"建设生态文明"作为全面建成小康社会的新要求，明确提出要使主要污染物的排放得到有效控制，生态环境质量得到明显改善，生态文明观念在全社会牢固树立。与长期以来所提倡的环境保护、污染防治、清洁生产等概念相比，生态文明概念具有更深刻、更丰富的内涵，对物质文明、精神文明和政治文明的建设和重塑具有更鲜明、更广泛的导向性。通过变革经济领域的生产、消费、贸易方式，转变精神领域人的世界观、价值观，创新政治领域权力运作方式，生态文明将多层次、多角度地指引中国实现发展方式的历史性转变，推动和谐社会的建设，促进全面建成小康社会目标的实现。

在生态环境保护的总体政策方面，自 1981 年以来，国务院共发布了《关于在国民经济调整时期加强环境保护工作的决定》《关于环境保护工作的决定》《关于进一步加强环境保护工作的决定》《关于环境保护若干问题的决定》和《国务院关于落实科学发展观加强环境保护的决定》五个"决定"。其中,《国务院关于落实科学发展观加强环境保护的决定》明确指出:"对超过污染物总量控制指标、生态破坏严重或者尚未完成生态恢复任务的地区,暂停审批新增污染物排放总量和对生态有较大影响的建设项目。"此外,"十一五"规划和"十二五"规划都将环境保护、生态文明建设作为衡量国民经济和社会发展的具有法律效力的约束性"硬指标"。

在具体工作方面,2006年下半年,国务院印发《加强节能工作的决定》,正式启动全国范围内的节能减排工作;同年底,国家环境保护总局成立华东、华南、西北、西南、东北五个环保督察中心,以强化国家环境监察能力、加强区域环境执法监察。2007年5月,国家发展和改革委员会会同有关部门制定《节能减排综合性工作方案》,国务院下发《关于印发节能减排综合性工作方案的通知》,要求各部门、各级地方政府严格实施节能减排的各项政策。2007年1月10日,国家环境保护总局首次启用"区域限批"这一行政惩罚手段,对严重违反环评和"三同时"制度的唐山市、吕梁市、六盘水市、莱芜市四个行政区域和大唐国际、华能、华电、国电四大电力集团的除循环经济类项目外的所有建设项目停止审批。同年7月,国家环境保护总局对长江、黄河、淮河、海河四大流域部分水污染严重、环境违法问题突出的6市2县5个工业园区实行"流域限批";同月,国家环境保护总局、中国人民银行、中国银监会联合出台《关于落实环境保护政策法规防范信贷风险的意见》,规定对不符合产业政策和环境违法的企业和项目进行信贷控制。2008年2月28日,新的《中华人民共和国水污染防治法》颁布实施。2008年8月29日,全国人民代表大会常委会通过《中华人民共和国循环经济促进法》,自2009年1月1日起施行。2009年4月,《重点流域水污染防治专项规划实施情况考核暂行办法》出台。该办法规定,国家对省一级政府执行规划的情况进行考核,考核重点包括水质和规划项目的落实情况两个部分,其中水质的比重要占三分之二。

三、现行制度存在的问题

上述生态环境管理制度有着显著的变化，经历了一个由被动向主动、单项建设向体系建设转变的过程，并开始从计划管理、数量管理向标准管理和质量管理转变。按照新制度经济学的分析框架，中国经济总量与结构的变化带来了生态环境承载力的变化，后者造成利用资源环境的相对价格上涨，从而使有利于资源环境保护的制度变迁其边际收益大于边际成本，最终导致了强制性的生态环境制度变迁。

现行生态环境保护制度，特别是"十五""十一五"期间制定的一系列政策法规及措施，对促进生态环境保护、加快生态文明建设发挥了积极作用。生态文明建设在污染减排、环境基础设施建设、重点流域污染防治、环保基础能力提升、环境经济政策、等基础性战略性工程方面都取得了积极成效，生态环境保护历史性转变迈出了坚实的步伐。

随着经济社会发展对资源环境需求的不断增加，我们必须清醒地看到，生态环境压力越来越大，经济社会不断发展与生态环境约束加大的矛盾日益突出，形势十分严峻。"十五""十一五"时期，我国经济发展的各项指标大多超额完成，但部分生态环境保护的指标没有完成。天然草原退化，生物多样性减少；主要污染物排放量超过环境承载能力，水、大气、土壤等污染日益严重，固体废物、汽车尾气、持久性有机物等污染持续增加。长期积累的环境问题尚未解决，新的环境问题又在不断产生，一些地区环境污染和生态恶化已经到了相当严重的程度，并造成了巨大的经济损失，给人民生活和健康带来严重威胁。

（一）法律制度不健全

在法律制度体系方面，目前尚无操作性强的生态环境监督管理条例，生态环境监督管理的职责、定位和分工模糊，权利和责任脱节。以矿产资源管理制度为例，目前矿业法规以矿产资源管理为核心，矿产资源管理、保护和利用方面的规范相对较多，产业方面的立法相对偏少，有的甚至空白；有些法律法规缺乏针对性、可操作性不强；有些制度只是权宜之策，头痛医头、脚痛医脚。同时现有法规还存在重复和矛盾的地方，使人无所适从。土地资源管理也存在类似的情况，以平抑市场为目的、完善的土地储备制度尚未形成，土地使用权有偿获取比例较低、土地出让及土地使用权流转制度和征地补偿法规不健全，法律、法规之间相互抵触的现象时有发生。

在实施机制方面，受各种利益博弈的影响，生态环境监察执法工作还有待完善。以新修改的《中华人民共和国水污染防治法》为例，一是新法对环境监察执法机构的执法地位定位不明确，环境监察执法机构只是委托执法，因此环境监察执法队伍不能作为独立的法律主体对环境违法行为进行处罚。二是按日计罚制度能有效解决"违法成本低"问题，为许多发达国家的环境立法所采纳，但按日计罚制度未能在立法中确认。三是没有授予环保部门处罚环境违法行为的现场强制权，也没有规定行政拘留向水体排放有毒物质的行为主体的处罚方式等。

在生态保护的民主化方面，公众参与环境保护的制度性渠道还只局限于《暂行办法》中规定的环境影响评价环节。事实上，公众不仅可以通过环境影响评价环节参与环境保护工作，环境信息知情权的满足、各项环境事务的参与等等都是公众参与环境保护的重要体现，都需要得到法律保障，因此，制定更广泛意义上的公众参与环境保护活动相关法规就成为必然选择。最近，专家学者已经开始着手拟定"公众参与环境保护办法"的专家意见稿，希望迈过环境影响评价环节这道门槛，将公众参与环境保护引领到更广阔的空间，让公众的环境知情权、参与权和救济权得到更全面的实现和保障。

另外，与经济发展速度相比，中国环保公共财政投入比例严重失调，生态环境保护资金投入不足。自 1989 年《中华人民共和国环境保护法》颁布实施以来，承担着环境保护主导型角色的政府却没有专门的环境保护预算支出科目。政府并没有稳定可靠的环境保护资金来源来执行法律赋予的责任。虽然近年来以环境保护为目的的财政支出总量有所提高，但主要是按部门、项目分配的，往往具有应急的性质，缺少统筹规划，容易造成资金配置的不合理和不可持续性。例如国家财政重点在 2004 年转向农村财政改革后，退耕还林的财政资金投入就受到一定影响。

（二）制度运行成本高，约束力偏弱

行政办法的出台相对容易，因而在实际工作中，较多运用"增量"的办法，忽视"存量"的办法。无论是资源环境政策，还是生态环境管理制度，一味地搞"叠加"，其结果就是新政策、新制度虽然制定了不少，但效果却不理想，同时还造成管理和执法成本过高。因此，建设生态文明不仅仅是简单地作"加法"，必要的"减法"和合理的组合往往能起到意想不到的效果，如果将现有的政策和制度进行优化和调整，就可以大大增强制度的激励约束功能。如被称为"连坐"式行政惩罚手段的"区域流域限批"政策，虽然能够取得一些短期成效，却体现了现有环境法律法规的制度性缺陷。由于现有法律的缺陷，被叫停的违法违规项目往往补办环评手续后就能过关，然后用各种手法拖延或拒绝兑现环保承诺。一些企业因违法生产或者不按环保"三同时"要求投产后获利不菲，而政府和环保部门很难做出关停企业的处理决定，至多罚款 20 万元后强制其补办手续。"守法成本高，违法成本低"。企业由此尝到了违法建设的甜头，形成了"先建设、后处罚、再补办手续"的怪圈。从这个意义上讲，从区域限批到流域限批，可以说在既有法律法规范围内已经把行政手段用到了极限。当务之急是在法治的框架下，建立一套运转有效的环保行政管理体制。但需要关注的是如何将这种运动式的"风暴"转变成常规性的制度。

（三）无偿、廉价的生态环境使用制度

在现行制度体系下，企业获取排污权主要是通过申请排污许可证的方式取得。企业排污时虽然也被要求缴纳排污费，但征收标准偏低，与环境的真实使用成本或环境治理所需的资金相比差距很大。据环保部门综合测

算，此标准仅相当于治污成本的 20% 左右。排污权的无偿取得以及较低的排污费征收标准，使得生态环境资源被廉价甚至无偿使用，难以发挥生态环境制度对企业负外部性行为的约束作用。

现行税收政策虽然初步体现了保护环境、限制污染的政策导向，与环保收费、财政补贴、环保专用资金等财政手段一起，在治理或减轻污染、加强环境保护方面发挥了积极作用。但涉及环境保护的税收政策仅有资源税、消费税、城市维护建设税、城镇土地使用税和耕地占用税；而且上述税种初始并不是为了保护生态环境而设立。以城镇土地使用税为例，2005年城镇土地使用税收入仅为 137.33 亿元，占税收总收入的 0.44%，该税的纳税义务人不包括外商投资企业、外国企业和外国人，并且还有许多免税规定，因此对城镇节约土地资源和合理使用土地基本上没有体现经济制约手段的效果。现行税收制度缺少针对污染、破坏环境的行为或产品课征的专门性税种，即环境税，它的缺位既限制了税收对污染、破坏环境行为的调控力度，也难以形成专门用于环境保护的税收收入来源。

近年来，作为行政手段、财政政策以外的经济杠杆，"绿色信贷"等绿色金融政策日益受到政府部门的青睐，并在解决环境污染问题上进行了有益尝试，强调利用信贷、保险等经济手段，来迫使企业将污染成本内部化，事前减少污染，而不是事后再进行治理。以绿色信贷为例，它不仅是银行应该履行的社会责任，同时也是银行降低和防范自身风险的有效途径。但问题是，如果获信企业因公民抗议或受环保部门查处而被施以重罚甚至停产关闭，银行将有可能血本无归。因此，在没有足够法律约束力的状况下，作为绿色信贷主体的银行并不会主动履行社会责任。要推广绿色金融制度，出台相关的约束性政策和引导措施显得极为重要。

（四）资源环境保护执法不严

在我国，资源环境保护中有法不依、执法不严、违法不究的现象比较普遍，对环境违法处罚力度不够，处罚标准过低。有的地方不执行环境标准，违法、违规批准严重污染环境的建设项目；有的对应该关闭的污染企业视而不见，放任自流；有的地方环境执法受到阻碍，使资源环境监管处于失控状态；还有的地方甚至存在地方保护主义等等。

2006 年底，国家环境保护总局宣布成立华东、华南、西北、西南、东北五个环保督察中心。其作为国家环境保护总局派出的执法监察机构，主要负责跨流域、跨行政区划的环境问题，查办重大环境污染与生态破坏案件，协调处理跨省区域和流域重大环境纠纷，督察重大、特大突发环境事件应急响应与处理。然而，督察中心成立以来，面临着两大难题。首先，执法地位不明确。就目前督察中心的身份来说，它们是参照公务员管理的事业单位，作为国家环境保护总局监察局行政职能的延伸，它们事实上从事着环境执法的工作。但其执法行为由于缺乏高规格的法律、法规依据，而缺乏有效性。督察中心的工作原则是"一事一委托"，没有总局的授权不能轻举妄动。其次，如何定位、协调与地方环保部门的关系。由于定位模糊，环保督察中心到污染现场调查需要事先由总局与地方环保部门沟通后，才能得到地方环保部门的配合，没有地方环保部门的引领，它们很难进入事故现场和企业内部进行调查取证，给现场快速取证带来很大困难。此外，五大督察中心如何在职权范围内与地方政府协调、沟通，做好国家环境保护总局与地方政府的桥梁，将是考验其能否长期存在并发挥作用的关键要素。

第二节　生态制度创新的基本原则

制度创新不能任意而为，应有所依循。制度创新更应注重实效，应能实现理论与实践的有机统一。

一、生态制度创新的基本原则

生态文明制度创新与变迁应遵循政府主导与全民参与、技术创新优先、立法与执法并重三个基本原则。

（一）政府主导与全民参与原则

生态文明建设是一项长期、艰巨而复杂的系统工程，包含生态经济建设、生态环境建设、生态人居建设、生态文化建设、组织保障、政策引导、科技支撑等方面。它是一项包含社会各方力量的公众事业，需要政府、市场、公众等各方力量的全面参与和共同治理。

政府是拥有公共权力、管理公共事务、代表公共利益、承担公共责任的特殊社会组织，作为一种公共权威，它体现社会的公共利益、整体利益和长远利益。政府作为生态化制度创新与变迁的领导者、组织者、管理者、服务者，由于其地位的特殊性，在生态文明建设中的作用是其他任何社会组织都无法替代的，必须要求政府在全社会生态文明建设中居于主导地位，强化生态文明建设在政府职能中的地位和作用，提高政府生态文明建设的效率，以满足人民根本利益。

全民参与是生态文明建设的重要基础。没有广大群众的积极参与，仅仅依靠政府主导，唱独角戏，社会主义生态文明将是镜中月、雾中花。全民参与的生态化制度变迁，一是要求在全社会树立生态环保意识，使"生态文明观念在全社会牢固树立";二是要求全社会主动、全程参与生态化制度体系的建设、监督与执行。

全民参与需要政府大力培养公众的生态环境保护和建设的自治能力，并监督和鞭策政府生态文明建设职能的实现。因而，必须加强能源资源和生态环境国情宣传教育力度，树立人与自然和谐相处的价值观念，把节约文化、环境道德纳入社会运行的公序良俗，把资源承载能力、生态环境容量作为经济活动的重要条件，进而改变人们的生产生活方式和行为模式。在企业、机关、学校、社区、军营等开展广泛深入的生态文明建设活动，普及生态环保知识和方法，推介节能新技术、新产品，倡导绿色消费、适度消费理念，引导社会公众自觉选择节约、环保、低碳排放的消费模式。促进公众自觉参与的生态文明建设，把建设资源节约型、环境友好型社会目标落实到社会的每一个成员身上，落实到人们息息相关的生活中。

（二）技术创新优先原则

技术创新是一个从产生新产品或新工艺的设想到市场应用的完整过程。现代意义上的技术创新不是纯粹的科技概念，也不是一般意义上的科学发现和发明，而是一种全新的经济发展观。通过技术创新，把科学技术转变为产业竞争力，转变为整个国民经济的竞争力，是区域与城市经济发展的重要战略举措。技术创新与进步在人类文明演变过程中发挥了不可替代的作用。当人类社会跨入知识经济时代，技术发挥作用的范围更加广泛，影响更加深远；没有一定的技术支撑，再好的制度也难以有效发挥激励约束功能。技术创新是形成生产力的直接因素，但技术创新需要一系列诱导机制，这些诱导力量来自于制度创新。技术创新和制度创新互相影响、互相促进；构建生态文明离不开技术进步，而技术进步则要依靠相关制度创新予以保障。第二次世界大战后的实践证明，建立在技术创新支撑的实业基础上的经济繁荣比过去由金融创新催生的繁荣更加稳定持久。许多发达国家科技进步对经济增长的贡献率已经超过了其他生产要素贡献率的总和，国家和地区的发展比以往任何时候都更加依赖于技术创新和知识的应用，社会主义生态文明的构建也不能例外。

科技创新不仅是构建生态文明的强大武器，也是经济持久繁荣的不竭动力。面对新的机遇和挑战，世界主要国家都在抢占科技发展的制高点。我们必须因势利导，奋起直追，在世界新科技革命的浪潮中走在前面，坚持技术创新优先原则，推动我国生态文明建设尽快走上创新驱动、内生增长的轨道。技术创新原则是生态化制度创新与变迁的基本原则之一。坚持技术创新原则，就是要在技术创新过程中全面引入生态学思想，考虑技术创新对环境、生态的影响和作用，追求经济效益、生态效益、社会效益和人的生存与发展效益的有机统一。要用科技的力量推动经济发展方式转变。大力发展战略性新兴产业，要把新能源、新材料、节能环保、生物医药等作为重点，选择其中若干重点领域作为突破口，使战略性新兴产业尽快成为国民经济的先导产业和支柱产业。在能源资源方面，利用新技术降低消耗、提高能源资源利用效率、节约资源和保护生态环境，增强资源与生态环境对经济社会发展的持续支撑能力，促进经济社会发展并实现人与自然的和谐，实现人类的可持续发展。

（三）立法与执法并重原则

立法与执法是一个事物的两个方面，辩证统一，相互依存，紧密联系，缺一不可。高质量的立法为执法提供法律依据，良好的执法效果能使立法成效达到最大化。

立法和执法，作为权利、义务的制度安排和具体落实，各种利益之间的博弈是贯穿始终的。从目前的司法实践看，有重立法轻执法的现象。改革开放以来，中国不断加强法治建设，过去法律不完善、无法可依的状况已发生根本性转变，立法所取得的成就有目共睹。然而有法不依的现象也使不少法律形同虚设，一些法律执行不力、落实不到位等问题仍相当普遍。行政执法部门，对已有法定程序往往进行随意解释，或者另外制定"补充规定"，"法外解释""法外立法"现象普遍存在；不履行法定送审、报批程序，关关设卡，各行其是，造成局部行政执法严重混乱，致使出现立法与执法脱节，立法与执法出现"两张皮"的现象。一些法律法规本身制定得很好，但由于受到地方保护等干扰，导致执行不下去或者是执行不到位；另外确有个别法律法规由于追求立法规模和速度，脱离当前的国情，因而在实际执行中效果大打折扣。

首先，污染产业聚集，"污染者天堂"效应明显显现。近年来，由于片面实施出口导向战略，加上产业层次长期处于国际制造业产业低端，导致大量污染产业聚集。例如，2000—2004年间，占中国出口贸易额前十位的产业分别是机械电器电子设备制造业、纺织原料及纺织制品、金属制造业、化学原料及化学品制造业、黑色金属及制品、采掘业、皮革皮毛羽绒及制品、塑料及制品、食品烟草饮料制造业、造纸及纸制品业，这些产业出口占全国同行业出口比重的80%左右，而废气排放量占全国工业废气排放总量的比重依次为63.7%、57.8%、57.6%、58.3%、59.3%、58.8%、57.6%、59.2%等。

其次，生态输出迅速增加，生态赤字急剧扩大。根据中国社会科学院城市发展与环境中心的估计，2002年中国净出口内涵能源2.4亿吨标煤，占当年一次能源消费比例的16%；而2006年，内涵能源净出口高达6.3亿吨标煤，占当年一次能源消费的25.7%。2006年，中国出口内涵能源的排放约为18.46亿吨二氧化碳，进口内涵能源的排放约为8亿吨二氧化碳，净出口内涵能源的排放值超过10亿吨。英国廷德尔气候变化中心对中国出口产品和服务中二氧化碳排放的初步评估结果表明，在2004年，中国净出口产品所排放的二氧化碳约为11亿吨，约占中国排放量的23%。这一数值只略低于同年日本的排放量，相当于德国和澳大利亚排放量的总和，是英国排放量的两倍多。由于中国出口产品生产过程中的平均污染强度大，而进口产品生产过程的平均污染程度小，中国出口结构中污染强度大的产品多，进口结构中污染强度小的产品多，加上日趋扩大的贸易顺差，使得生态逆差日趋扩大。国务院发展研究中心地区司牵头的课题组计算结果表明，如果不考虑生产结构与贸易结构的差异性，"十五"期间SO2污染物排放量中，我国每年对外贸易造成的SO2"逆差"约为150万吨，占

我国每年 SO_2 排放总量的近 6％。在"十五"期间，我国 SO_2 高、中污染行业产品的出口约占总出口额的 40％，而 COD 高、中污染行业产品的出口占总出口额的 44％。

构建社会主义生态文明，应坚持立法与执法并重原则。从立法看，我国的生态资源环境立法应遵循以下原则：可持续发展；因地制宜、因时制宜、分阶段推进、分类补偿；先行试点，逐步推开；生态环境污染和生态破坏源头控制；污染防治、生态保护和核安全三大领域协调发展；维护群众环境权益、国际环境履约和环保基础工作。同时处理好中央与地方、政府与市场、生态补偿与扶贫、"造血"补偿与"输血"补偿、新账与旧账、综合平台与部门平台的生态补偿关系。通过 5—10 年努力，形成覆盖生态环保工作各个方面，门类齐全、功能完备、措施有力的环境法规标准体系，从根本上解决"无法可依、有法不依、执法不严"的问题，建立权威、高效、规范的长效管理机制，把生态环境保护与资源可持续利用纳入法治化、规范化、制度化、科学化轨道。

同时，加强执法建设，加大执法力度。法学界专家指出，法制的健全和完备固然十分重要，但最关键的还是执行要到位，两者缺一不可。如果法律制定很多、很好，但没有执行力，其结果就是，再好的法律条文只能成为一纸空文，形同虚设。立法者和执法者都应该充分尊重社会利益主体对立法和执法的需要，在立法和执法中，加强监督制约机制的建设，把执法机关和执法人员的执法权限限制在一个合理而严格的框架里。避免出现过于积极的职权主义，造成立法无法执行以及执法中存在乱执法的现象。只有坚持有法必依、违法必究、执法必严，才能真正实现构建社会主义生态文明的目标。

二、生态制度创新中应注意避免的几个问题

在环保制度设计与实践过程中，尚存在重立法轻执法、重集中轻民主、重形式轻实效等问题。在未来的生态制度创新过程中，应努力弥补这些不足，实现生态制度创新理论与实践的统一。

（一）重立法轻执法

"徒法不足以自行""天下之事，不难于立法，而难于法之必行"。仅有规则，没有执行机制，制度是不完整的。执法是依法保护生态环境的重要手段，是生态文明能否实现的关键。

目前我国生态环境保护行政执法主要有行政检查、监督，行政许可和行政审批，行政处罚以及行政强制执行四种方式。但是这些方式在执法过程中，还存在程序不规范、不完备和不适应构建社会主义生态文明的要求等问题。具体表现在执法行为的偏误及其损害后果往往难被追究责任、监督检查的结果往往无人负责处理、对监督者自身的违法失职行为缺乏监督；执法程序不规范甚至违法；滥用自由裁量权；适用法律不准确、适用法律错误或者没有法律依据等。这些问题不能不说是行政法制的缺陷，值得我们进行深刻的反思。因为缺乏制度约束力，国内一些上市公司未能履行早先制定的环保整改承诺。国家环境保护部在近期对 2007—2008 年通过国家环境保护部环保核查的上市公司进行了后督察，督察内容为这些公司承诺整改环保问题的完成情况。国内 11 家上市公司因为存在严重环保问题尚未按期整改，存在较大环境风险被通报批评。这 11 家公司的主要环保问题包括未依法执行环评审批或"三同时"验收制度，未能按期完成淘汰落后产能任务，未能按期完成总量减排配套工程项目，未依法处置危险废物，污染物超标排放，拖欠巨额排污费，环保设施不完善或未安装在线监测系统，没有完成防护距离内居民搬迁等问题。其中，新疆一家上市公司，截至检查时，累计拖欠的排污费甚至高达 1.35 亿元。通报指出，这些公司环保守

法意识淡漠，存在应付心态和侥幸心理，导致其所做的环保整改承诺成为一纸空文。从国家环境保护部的通报可以发现，正是制度约束力的缺乏导致这些上市公司公然违背环保整改承诺。公司毕竟以盈利作为最终目的，即使做了环保承诺，如果缺乏足够的监管压力和惩治措施，企业在环保支出方面自然是能省则省。既然上市企业没有实现当初的环保承诺，国家环境保护部就应该联合中国证券监督管理委员会，对这些企业实行惩治性措施。但事实上，国家环境保护部在下发的限改通知中仅是提出意见，"对于整改仍无进展的公司，我部将视具体情况约谈公司负责人，依法进行处罚"。这可能意味着，即使企业没有实现环保承诺，只要态度端正、积极参与后期整改，做环保部心目中的"好企业"，同样可以平安无事。这也是国内11家上市企业敢冒道德风险的主要原因。

改变重立法轻执法的现象，解决当前环境执法过程中存在的一些问题，需要多管齐下。一是增强环境保护多项制度的可操作性。赋予环境保护行政部门必要的强制执法手段，如查封、扣押、没收等，落实对违法排污企业"停产整顿"和出现严重环境违法行为的地方政府"停批停建项目"权等。二是完善和强化执法手段。对环境法律法规中的义务性条款均要设置相应的法律责任和处罚条款；建立健全市场经济条件下的"双罚"制度；逐步开展环境监察内部稽查和环境保护行政稽查，切实加大对环境行政不作为行为的查处力度。三是充实行政执法与监督队伍，加强行政执法和执法监督部门队伍建设，保质保量充实行政执法队伍，保持行政管理和调控能力；同时，进一步严格整顿行政执法队伍，坚决禁止行政执法机关随意授权不具备执法资格的组织和临时人员从事行政执法活动权利。四是健全环境执法机制，完善执法程序。完善充实环境执法的各项规章制度，如执法工作程序、环境执法责任制度、环境执法考核办法、行政执法监督检查制度等，使执法行为规范化、程序化、制度化，减少执法的随意性和人为性。五是严格实行行政执法和执法监督工作责任制。在法律上明确地方各级人民政府及经济、工商、供水、供电、监察和司法等有关部门的环境监管责任，建立并完善环境保护行政责任追究制。

（二）重集中轻民主

目前，在我国生态环境保护、构建社会主义生态文明决策过程中，经常会出现一些重集中轻民主的现象。在生态环境问题决策上重集中轻民主，有关环境污染与治理的知情权、决策权高度集中，企业与个人的参与权、监督权无法落实，造成"一言堂"，群众民主意愿得不到体现，致使重大生态环境决策失误事件频频发生，导致近十几年来自然资源浪费严重，生态环境不断恶化。

政府主导与全民参与构成生态文明建设的"两条腿"，缺一不可。同时，由于生态资源具有流动性、分散性等自然特性，客观上加大了生态化制度创新的难度。一方面，在健全现行生态环境制度体系时，哪些法律法规与现实相背离和脱节，哪些法律法规存在空白，哪些法律条文亟待补充实施细则等等，其科学决策都离不开对现行资源环境、生态情况的真实反映。中国生态资源品种多样化，分布跨区化，丰寡不一，脆弱程度也存在很大差别。不依靠群众的广泛参与，上述信息的收集很可能是以偏概全，建立在这样的基础上的法律法规体系不仅对社会主义生态文明建设没有帮助，反而容易对微观个体造成不当激励，从而形成新的生态欠账。另一方面，一旦法律法规出台，其执行情况如何直接关系到生态化制度创新的绩效，在我国普遍存在重立法轻执法现象的情况下，有关生态环境保护的法律法规是否严格执行显得尤为重要。以水资源为例，政府对节水和防污等正式制度的执行情况进行监管难度很大，有时监管成本太高，致使一些法律法规成为一纸空文。加之政府作为国有资源的代理者，由于有限理性和所追求目标的双重性，主观上难免出现"管制俘虏"和"政府失败"现象，大大削弱了生态化制度的激励约束功能，使制度创新的绩效大打折扣。

基于此，在进行生态化制度创新时，除了强调各级政府集中管理生态资源及其立法工作外，还必须十分重视民主化。民主化既符合生态资源国有的产权特性——国家代表的是全民利益，按照自己的事情自己做主的原则，全体公民理应参与生态环境决策，又能有效破解生态化制度变迁中的政府失效问题——只有每一个公民真正意识到生态问题的严峻性，改变传统观念，并积极投身到生态环境的可持续利用中来，加快生态化诱致性制度变迁与创新，社会主义生态文明才能最终实现。概而言之，生态资源制度创新的民主化主要包括全民生态观念变化等非正式制度创新以及形成民主化的生态问题决策机制两个方面的内容。

（三）重形式轻实效

目前，一些地方、部门和单位仍然严重存在片面地注重形式而不注重实际效果的工作作风，或只看重事物的现象而不屑于分析其本质。在生态环境领域，主要表现在相关法律法规的决策上，民主集中制形同虚设，"专家论证会"只作陪衬，主要领导个人说了算；在法律法规执行情况的监督管理上，对下监督易，却不能及时到位；对上监督难，监督者普遍受制于被监督者；文山会海，全靠开会发文件指导工作，使领导工作停留在一般号召上，缺乏具体指导和督促检查；弄虚作假，虚张声势，追求表面功夫，生态工作没做多少，总结起来头头是道，实际效果不尽如人意；急功近利，哗众取宠，考虑问题不是从实际效果出发，而是立足于树"政绩""个人形象"，搞"面子工程"，制造"轰动效果"，往往造成严重的后果，劳民又伤财。

遏制重形式轻实效的工作作风，要有针对性，做到有的放矢。采取切实可行的措施，加强领导干部反对形式主义的教育，大力宣传形式主义的危害，结合本单位、本地区、本部门的实际，排查形式主义的表现和特点，分析形式主义的原因，提高反对形式主义的自觉性。对容易出形式主义的问题，要制定严格的规定，加以规范和限制。对热衷于搞形式主义且造成严重后果的，加大查处力度，给予严肃处理，把生态文明建设的各项政策措施都落到实处，做到形式与实效的有机结合。

第三节　生态化生产制度创新

生产企业节能减排，进行绿色生产是建设生态文明的关键环节。构建生态化的生产必须重点抓好节能减排制度、生态补偿制度、产权交易制度、清洁能源生产与推广制度、绿色流通制度以及全民监督等制度的创新工作。

一、节能减排制度

从 2006 年提出节能减排制度至今，国家出台一系列法律法规并且制定一系列措施，对我国的节能减排工作起到很大的促进作用。虽然如此，但实现节能减排目标面临的形势依然十分严峻。要在推进技术创新、市场化、法治化和民主化四个方面，积极推动节能减排制度创新。

（一）节能减排技术化制度安排

节能作为"第五大能源"，不仅可以提高传统产业的利润率，而且节能技术产业前景也非常广阔。充分利用制度作为"游戏规则"对行为主体所具有的激励约束功能，推进节能减排技术化，瞄准国际先进水平，加大科技投入和技术攻关力度，形成一批拥有自主知识产权的核心技术，力争在电力、钢铁和有色金属冶炼等重点节能减排领域的技术研发、技术改造和技术推广等方面能够取得新的重大突破。具体而言，一是通过重大专项制度的实施突出发展和攻关一批重点技术。如洁净煤技术，可再生能源与非化石能源技术，热电联产、热电冷联产、热电煤气多联供系统的关键技术，小型分散式能源系统技术，大型锅炉启动节油技术，运行参数优化设计与调整控制技术，热能、电能的储存技术，电力电子节能技术，建筑、交通节能技术，车用醇类混合燃料燃烧与控制技术，车用生物油制备与混合燃料技术等。二是通过产业政策的引导加快产业结构转型与升级，特别是在信息、纳米材料、分子生物、先进制造等领域取得原创性科技突破，开辟具有低碳经济特征的新兴产业群、高新技术产业群、现代服务产业群。三是通过完善循环经济政策大力研发循环经济技术，包括共伴生矿产资源和尾矿综合利用技术、能源节约和替代技术、能量梯级利用技术、废物综合利用技术、循环经济发展中延长产业链和相关产业链技术、"零排放"技术、有毒有害原材料替代技术、可回收利用材料和回收处理技术、绿色再制造技术以及新能源和可再生能源开发利用技术等，提高循环经济技术支撑能力和创新能力。

（二）节能减排市场化制度

节能减排市场化制度建设就是要通过一定的制度安排，一方面将能源浪费和污染等负外部性行为内在化，通过污染价格的指引作用引导企业自觉减少能源使用和污染物排放行为；另一方面要通过能源使用权和污染排放权的可分割、可交易促进稀缺资源（上述各项权能）的流动性，提高节能减排的效率。节能减排市场化制度建设的重点是排污权有偿取得和交易制度。排污权有偿取得的目的在于引入市场机制，督促企业将环境成本纳入企业生产成本并计入产品或服务价格，实现资源环境外部成本内部化、社会成本企业化。排污权可交易则可以借助市场机制实现个体之间资源（排污权）的优化配置，使排污权从行权效率低（排污成本低）的个体流向效率高（排污成本高）的个体。

排污权有偿取得和交易制度建设，其基本前提是要建立污染物排放总量控制制度。根据每一时期经济发展和水环境容量现状，合理制订排污总量指标，使之成为所有污染物排放管理的基本原则。将经济发展水平、产业结构调整潜力、环境质量状况、污染防治能力与污染削减指标分配相统一，通过严格控制污染物排放总量，促进产业结构、区域结构的优化。要改变排污许可证的行政授予方式，采取招标、拍卖或政府定价等方式有偿出让，在一级市场出售排污权。要加快排污权交易市场的建立和完善，允许在一级市场获得排污权的个体有偿出让排污权，有效制止滥用和非法转让排污权，确保排污权交易（二级）市场能够正常交易。组建专业的排污权中介机构，建立相关的信息网络系统，为交易各方提供供求信息，提高交易的透明度，降低排污权交易费用，提高企业参与排污权二级市场的积极性。建立相应的激励机制，对积极减少排放、积极出售排污权的企业，从资金、税收等方面予以扶持；对超过污染物排放总量控制指标、生态破坏严重或者尚未完成生态恢复任务的地区，暂停审批新增污染物排放总量和对生态有较大影响的建设项目；企业破产或被兼并时，政府应该鼓励排污权作为企业资产进入破产或兼并程序。

此外，还应利用市场机制的价格引导功能，通过一系列的制度安排，引导社会资金投资节能减排项目，推动民间资本向节能减排产业流动，为节能减排目标的顺利实现提供资金来源。完善和出台污水处理收费制度、城市生活垃圾处理收费制度以及垃圾焚烧发电价格和运行管理暂行办法等，研究制定改进二氧化硫排污费征收方式、加大征收力度的相关办法，同时按照补偿治理成本的原则，提高排污收费标准。同时建立政府引导、企业为主和社会参与的节能减排投入机制。以污水和垃圾处理为例，必须大力推进城市污水和垃圾处理厂的企业化、市场化、产业化进程，按照"谁开发谁保护、谁破坏谁恢复、谁受益谁补偿、谁排污谁付费"的原则，鼓励各类所有制经济投资和经营污水处理厂、垃圾处理厂、危险废物处理厂，包括独资、合资、合作、BOT 等多种形式，逐步实现投资主体多元化，融资渠道多样化，运营主体企业化，运行管理市场化。

从实践层面看，中国已经设立多个碳排放交易所，如北京的环境交易所、上海环境能源交易所、天津排放权交易所以及深圳排放权交易所。北京环境交易所还主导制定了专为中国市场设立的自愿减排"熊猫标准"。中国将积极探索和建立碳排放交易市场。

（三）节能减排法治化

正式制度的根本是立法。节能减排技术化和市场化，都离不开法律保障，法治化是节能减排战略目标实现的根本。节能减排法治化制度建设的目标是通过5—10年努力，力图形成门类齐全、功能完备、措施有力的节能减排法规标准体系，从根本上解决"无法可依、有法不依、执法不严"的问题，把节能减排纳入法治化轨道。

一是进一步健全和完善节能减排相关法律法规。制定节能、节水、资源综合利用等促进资源有效利用以及废旧家电、电子产品、废旧轮胎、建筑废物、包装废物、农业废物等资源化利用的法规和规章；加强节能、节水等资源节约标准化工作。建立和完善强制性产品能效标识、再利用品标识、节能建筑标识和环境标志制度，开展节能、节水、环保产品认证以及环境管理体系认证。研究建立生产者责任延伸制度、资源节约管理制度，依法加强对矿产资源集约利用、节能、节水、资源综合利用、再生资源回收利用的监督管理工作。出台固定资产投资项目节能评估和审查管理办法，抓紧完成城镇排水与污水处理条例的审查修改，做好《中华人民共和国大气污染防治法》的修订工作以及"节约用水条例""生态补偿条例"的研究起草工作。研究制定重点用能单位节能管理办法、能源计量监督管理办法、节能产品认证管理办法、主要污染物排放许可证管理办法等。完善单位产品能耗限额标准、用能产品能效标准、建筑能耗标准等。

二是落实污染物排放总量控制制度。尽快制定和落实《固定污染源在线自动监控系统建设安装技术规范》《固定污染源在线自动监控系统质量管理技术规范》《污染源自动监控系统管理办法》《工业企业排污口规范化管理办法》等正式规则，使污染物排放总量控制有章可循、有法可依。

三是完善产业布局与产业政策，加快推进循环经济发展。进一步制定循环经济技术政策和促进循环经济的标准体系，研究制定发展循环经济的技术政策、技术导向目录以及国家鼓励发展的节能、节水、环保装备目录；加快制定高耗能、高耗水及高污染行业市场准入标准和合格评定制度，制定重点行业清洁生产评价指标体系和涉及循环经济的有关污染控制标准。落实限制"两高"产品的各项政策，加大淘汰落后产能力度。同时，大力发展能源需求量相对较小、污染相对较轻的现代服务业。

四是完善经济政策，有效运用价格、财政、金融等经济杠杆，促进节能减排工作顺利进行。利用价格杠杆，积极稳妥推进资源性产品价格改革。调整资源性产品与最终产品的比价关系，理顺自然资源价格，逐步建立能够反映资源性产品供求关系的价格机制。积极调整水、热、电、天然气等价格政策，促进资源合理开发、节约使用、高效利用和有效保护。对能源消耗超过已有国家和地方单位产品能耗（电耗）限额标准的，实行惩罚性价格政策，对超过限额标准一倍的，比照淘汰类电价加价标准执行。严格执行国务院颁布的《排污费征收使用管理条例》及财政部、国家发展和改革委员会、国家环境保护总局等有关部委制定的《排污费资金收缴使用管理办法》、《排污费征收标准管理办法》《关于环保部门实行收支两条线管理后经费安排的实施办法》等配套规章，进一步加强排污费"收支两条线"管理，严格执行规范排污费的征收、使用和管理。健全扶持机制，采用财政补助、税收减免、行政奖励等方式，支持节能减排。此外，要建立和强化节能减排目标考核和责任追究制度，这是落实政府节能环保责任的重要保障。

（四）节能减排民主化

任何一项正式制度的执行效果在很大程度上取决于这项制度是否与现存的社会观念、文化道德、意识形态、行为习惯等非正式制度相容以及相容的程度。由于非正式制度固有的路径依赖特性，一旦社会已然形成浪费资源能源、不爱惜环境的文化氛围，那么以国家为主导推进的强制性节能减排制度创新与变迁将很难取得预期的制度变迁收益，各项节能减排制度的效果将大打折扣。只有走民主化的道路，依赖最广泛的人民群众，动员所有社会成员全程参与节能减排制度建设及其监督检查，引导社会树立生态道德，培养"资源环境宝贵，节约光荣，浪费可耻"的观念，节能减排政策才能收到事半功倍之效。因此，节能减排制度建设还必须将技术化、市场化、法治化和民主化有机地结合起来，以期从正式制度和非正式制度两个方面对全社会形成制度约束合力，推进节能减排目标的顺利实现。

二、生态补偿制度

生态补偿是以保护生态环境、促进人与自然和谐发展为目的，根据生态系统服务价值、生态保护成本、发展机会成本，运用政府和市场手段，调节生态保护利益相关者之间利益关系的公共制度。它包括以下几方面主要内容：一是对生态系统本身保护（恢复）或破坏的成本进行补偿；二是通过经济手段将经济效益的外部性内部化；三是对个人或区域保护生态系统和环境的投入或放弃发展机会的损失进行经济补偿；四是对具有重大生态价值的区域或对象进行保护性投入。

（一）生态补偿制度建设的现状与问题

20 世纪 70 年代，我国开始实施推进森林资源生态补偿的"退耕还林"机制，标志着中国在跨区域生态补偿方面迈出了重要一步。2000 年，国务院颁布《生态环境保护纲要》。该纲要提出，"坚持谁开发谁保护，谁破坏谁恢复，谁使用谁付费制度。要明确生态环境保护的权、责、利，充分运用法律、经济、行政和技术手段保护生态环境"，由此初步确立了生态补偿的基本原则。目前，国内生态补偿机制主要集中在森林与自然保护区、流域和矿产资源开发的生态补偿等方面。

一是森林与自然保护区生态补偿制度建设。1992 年，国务院提出"建立林价制度和森林生态效益补偿制度，实行森林资源有偿使用"；1993 年提出"改革造林绿化资金投入机制，逐步实行征收森林生态补偿费制度"；1998 年修订的《中华人民共和国森林法》第六条规定，"国家设立森林生态效益补偿基金，用于提供生态效益的防护林和特种用途林的森林资源、林木的营造、抚育、保护和管理"。2002 年，国务院出台《退耕还林条例》，对退耕还林的资金和粮食补助等做出明确规定；2004 年《中央森林生态效益补偿基金管理办法》颁布；2005 年中央财政正式设立森林生态效益补偿基金，目前已累计投入资金 200 多亿元，将 7 亿亩重点生态公益林纳入补偿范围，标志着我国森林生态效益补偿基金制度从实质上已经建立。

二是流域水资源生态补偿制度建设。2007 年 8 月，国家环保总局出台《关于开展生态补偿试点工作的指导意见》，决定在自然保护区、重要生态功能区、矿产资源开发区、流域水环境保护区 4 个区域开展生态补偿试点。《中华人民共和国水污染防治法》首次以法律形式，对水环境生态保护补偿机制做出明确规定。近年来，中央财政结合主体功能区建设，加大对三江源、南水北调、天然林保护等生态功能区的转移支付力度，建立完善生态功能区转移支付制度。加强重金属污染治理，加大"三河三湖"及松花江等重点流域环境保护力度，开展跨省流域水环境生态补偿试点。例如 2011 年 3月，财政部、环境保护部启动实施新安江流域水环境补偿试点工作。2011年安排补偿资金 3 亿元，其中中央财政安排 2 亿元，浙江省安排 1 亿元，主要由安徽省使用，用于新安江上游水质保护。

生态补偿制度建设推进快，框架初步形成，但是存在着政策精细度不够、可操作性不强等问题，由于受多方面因素的影响和制约，森林与自然保护区生态补偿机制还存在一些不尽如人意的地方：生态补偿概念不清、覆盖面不全、补助标准偏低、资金来源单一、缺乏长效的补偿机制等，需进一步完善。如我国西南部分贫困山区"退耕还林"的农民担心 8 年补偿期满之后失去林地，导致生活来源没有着落而不愿意变更土地使用权证。浙江省临安市天目山自然保护区 243 名村民，状告当地政府不作为，要求给予"生态补偿"一案，引起社会各界的广泛关注，产生很大的社会反响，成为我国第一起"生态补偿"纠纷案件。

（二）完善生态补偿制度创新的重点

生态补偿制度是依法保护生态资源环境，推进生态文明建设的重要制度。当前，要按照生态文明建设的需要，重点抓住以下四个方面进行创新。

1. 建立健全生态补偿立法

我国在生态环境补偿政策体系方面已经迈出重要步伐。今后应继续加大生态建设和环境保护力度，制定生态补偿机制标准；扩大生态补偿机制试点范围，按照破坏者付费、使用者付费、受益者付费、保护者得到补偿的生态补偿原则，建立一个具有战略性、全局性和前瞻性的总体框架，包括流域补偿、生态系统服务功能补偿、资源开发补偿和重要生态功能区补偿等几个方面，将补偿范围、对象、方式、标准等以法律形式确立下来。尽快出台"生态补偿条例"，此条例应明确实施生态环境补偿的基本原则、主要领域、补偿办法，确定相关利益主体间的权利、义务和保障措施，并以此为依据，进一步细化流域、森林、草原、湿地、矿产资源等各领域的实施细则。中国环境与发展国际合作委员会首席顾问沈国舫院士指出，"生态补偿条例"如果能够颁布实施，"将对我国生态补偿机制建设起到积极促进作用"。同时可考虑通过人民代表大会立法设置"生态税"，并以该税收收入补贴受侵害者。这一点，国外主要发达国家的"生态税"制度安排值得我们借鉴：一是对污染排放物进行课税，主要税种有二氧化碳税、二氧化硫税、水污染税、固体废物税、垃圾税等；二是对造成污染环境后果和资源消耗较大产品征税，主要税种有润滑油税、旧轮胎税、饮料容器税等；三是对造成其他社会公害的行为征税，如根据噪声水平和噪声特征征收噪声税及为缓和城市交通压力，改善市区环境开征的拥挤税。

2. 完善生态补偿财政、税收政策体系

加大生态补偿财政转移支付力度，在财政转移支付中增加生态环境影响因子权重，增加对生态脆弱和生态保护重点地区的支持力度，按照平等的公共服务原则，增加对中西部地区的财政转移支付，对重要的生态区域（如自然保护区）或生态要素（国家生态公益林）实施国家购买等。对大面积森林、湿地、草地等重要生态功能区和国家级自然保护区等生态系统服务的补偿由中央政府重点解决；对矿产资源开发和跨界中型流域的生态补偿机制应由政府和利益相关者共同解决。中央财政要进一步通过提高环境保护支出标准和转移支付系数等办法，加大对青海三江源、南水北调中线水源区以及部分天然林保护区等中央生态补偿机制试点的财政转移支付力度。同时强化地方政府对生态补偿的支持与合作。地方政府应重点建立好城市水源地和本辖区内小流域的生态补偿机制，配合中央政府建立跨界中型流域补偿机制。

在税收政策方面，建立健全国有"资源性资产管理体制"，推行国有资源性资产经营预算制度，改变国有资源型企业利润倾斜内部的做法；对使用国有资源的企业，要有合理的利益界限，将合理比例的利润上缴给所有者，并用于公众福利。深化资源税的改革，相应提高资源税税率，在征收方式上将"从量计征"改为"从价计征"，以充分获取价格上涨所带来的收益。针对企业凭借国有资源"垄断性经营"获得巨额利润，将"特别收益金"改为制度化的"超额利润税"，将垄断利润收归公共所有，服务于公共利益的需要。

3. 建立多渠道融资机制

研究制定中的"生态补偿条例"将引导商业银行资金和社会资本投向生态环保领域和生态功能区项目建设。这一举措将为增加资金投入，扩大资金来源提供重要渠道。在这个制度安排下，加大人们对生态服务的需求，抓住公众的支付意愿；加大对私人企业激励，采取积极鼓励政策；加强同财政金融部门的联系，寻求相关专家的帮助和技术支持；建立基金，寻求国外非政府组织的赠予支持等，促使补偿主体多元化，补偿方式多样化。

4. 扎实推进生态补偿试点工作，建立生态补偿整体框架

2007年，国家环保总局重点在自然保护区、重要生态功能区、矿产资源开发区、流域水环境保护区4个区域，按照"谁开发、谁保护；谁破坏、谁恢复；谁受益、谁补偿"的原则开展生态补偿试点地区。此后，许多省（区）、市都建立了生态补偿机制试点，在生态补偿机制方面进行了有益的探索。2009年，国家环境保护部确定河北省为全国省级全流域生态补偿唯一试点地区；同年8月份，西藏自治区建立草原生态保护奖励机制，首批5县试点正式启动。此外，浙江、江苏、山西、河北、山东、上海等地的生态补偿机制试点工作也在稳步推进。在此基础上，各部门应不断加强理论研究，总结经验，汲取教训，进一步稳步、扎实推进生态补偿机制试点工作，促进生态补偿机制的建立和相关政策措施的完善。

三、产权交易制度

产权及产权交易内涵广泛，按照通常的分类，国有资产分为经营类企业国有资产、金融类企业国有资产和资源类国有资产三大类，其中资源类国有资产包括林权、矿产、土地等多个领域。与生态文明紧密相关的资源类国有资产，主要是水资源、矿产资源和林业资源。

（一）水资源市场交易制度

水权交易是水资源使用权、产品水物权或者取水权的交易，水资源市场（以下简称水市场）就是通过出售水、购买水，用经济杠杆推动和促进水资源优化配置的交易场所。在水的使用权、收益权（以下简称水权）确定以后，对水权进行交易和转让，就形成了水市场。经济学家早已发现，低收益区和高收益区间的水交易可最大限度地提高经济效益。1993 年国务院颁布的《取水许可制度实施办法》规定：取水许可证不得转让。转让取水许可证的，由水行政主管部门或者其授权发放取水许可证的部门吊销取水许可证，没收非法所得。但法律对水资源使用权、收益权是否可以交易并没有明确的规定，这为中国水资源市场制度变迁的可行性留下了法律空间。

中国水商品市场已经发展多年，但水权市场起步较晚，水资源市场制度发育缓慢，大致经历了从许可取水到许可用水，再到交易用水的发展过程。1993 年，国务院颁布《取水许可制度实施办法》，水利部制定《取水许可申请审批程序规定》《授予各流域机构取水许可管理权限的通知》等，实施地表水、地下水统一发放取水许可证制度。目前，全国已有24 个省（区、市）分别制定了《取水许可制度实施管理办法细则》。水资源的分配主要通过行政手段，只需主管水资源的政府部门批准就可取得国有水资源的使用权。如江、河、湖泊，冰川雪原，陆上地下水；土地所有者或使用者修建或所属的人工河、湖、水库、水塘、水池、水渠等人工水体；国有自来水厂、用水企业和农灌区管理局取用江、河、湖泊和地下水体中的水。1994 年，第八届全国人民代表大会常委会将水法的修订工作纳入立法规划，就水资源权属、水资源使用权依法转让、用水许可与有偿使用等方面进行修订。

取水许可制度下水的使用权大多属于无偿获得，从而造成水资源的利用效率低下，水资源未能达到最优配置。与此同时，市场却存在着水权交易需求，这以经济发达地区为甚。如浙江舟山由于本岛水资源紧缺，每到干旱季节不得不向大陆跨海引水；温州乐清等地的水库供水区，一些商户为了获取效益好的养殖业的更大收益，自发地从从事种植业的农民手中高价购买水权；绍兴河网也多次从萧山有偿引钱塘江水等。由经济发展推动的水资源短缺矛盾加剧，后者增加了水资源的经济价值和相对价格，诱致性的水资源市场制度变迁的潜在收益推动了这些地区水权市场的形成。

1999 年 3 月 30 日，时任水利部部长汪恕诚在中国水利学会第七次全国全员代表大会上首次提出"实现由工程水利到资源水利的转变"的观点，并引发了一场"中国水利如何面向 21 世纪"的大讨论。《国民经济和社会发展第十个五年计划纲要》强调，要在国家监管和调控之下，实行水权转让，允许用水户将节约的水资源通过水权交易有偿转让获得收益。

2000 年年底，浙江省东阳市和义乌市签订有偿转让用水权协议，前者将横锦水库 5000 万立方米水资源的永久使用权通过市场交易机制，有偿转让给下游义乌市，这是我国首例城市间的水权交易，它打破了运用行政手段垄断水权再分配的传统，也从实践上证明了市场机制是水资源配置的有效手段。此事件被有关专家、学者视为水权市场正式建立的标志。但从严格意义上来讲，并不能就此证明中国的水权市场得以建立、水权已进入了"买卖的交易"时代。东阳和义乌的交易并不是真正意义上的水权交易，因为作为交易标的的水资源的权属界限不明，就本质而言，其交易的是行政财产，交易的结果是以行政契约方式协调政府或地方冲突和利益。真正的水权交易是私人投资的诱致性交易，不是政府之间的强制性交易。但在水资源以行政手段配置为主的背景下，东阳—义乌案例仍不失为我国水资源市场制度变迁的一次创举。这之后，其他的一些地方也开始了水权交易的运作。2001 年，海河委员会漳河上游管理局与长治市水利局签订调水协议书，分别与林州市、安阳县、涉县签订有偿供水合同，使上下游、左右岸晋、冀、豫三省有关政府及水利部门就跨省有偿调水达成共识。

2002 年 3 月，水利部确定张掖市为全国首家节水型社会建设试点，这是我国首次开展的一项区域性综合节水示范项目。张掖市引入市场机制，推行水票制度。根据水资源配置方案分配的水权总量，核定各农户耕地和水权，核发水权证。由用水户持水权证向管水单位购买每灌溉轮次水票，管水单位凭票供水，水票作为水权、水量、水价的综合载体，使用水户的使用权、经营权、交易权得以确立和充分体现。放开生产经营用水交易，放开交易水价，禁止生态用水交易，对于未实现交易的结余水量，由管水单位按照基本水价的 120% 回购。水市场的萌芽，极大地激发了公众的节水意识。少用多得利，多用少获利，大家都自觉约束水浪费行为，水权市场制度对经济个体的激励作用得到体现。水资源排污权交易是指在一定区域内，在污染物排放总量不超过允许排放量的前提下，内部各污染源之间通过货币交换的方式相互调剂排污量，从而达到减少排污量、保护环境的目的。排污权分为公民排污权和企业排污权。公民排污权是环境使用权，是人权的一种，不能进行交易；企业排污权是国家授予的权利，可以进行交易，因而排污权交易的主体主要是企业。在我国只有大气污染、水污染和无严重危害的固体废物污染（主要是垃圾）才可以成为排污权交易对象。水污染中的排污权交易主要适用于同一水域内同种污染物之间的交易，排污权的交易标的是企业合法取得的富余排污权。同水权市场相类似，中国的水资源排污权市场制度起步较晚。受传统计划经济体制的影响，中国的环境保护主要依靠政府管制，市场机制在污染控制中的作用不大。

1973 年，中国政府制定《工业三废排放试行标准》，这是中国第一个环境标准，可以将其视作中国排污权制度建设的开始；1979 年，颁布《中华人民共和国环境保护法（试行）》，要求排放单位遵守国家制定的环境标准。20 世纪 80 年代中期，开始制定行业水污染物排放标准；80 年代末，国家环保总局制定《污水综合排放标准》，根据水域功能确定分级排放限值，并强调区域综合治理，提出排入城市下水道的排放限值，对行业排放标准进行调整，统一制定水质浓度指标和水量指标，实行水质和排污总量双重控制。1982年，实施《征收排污费暂行办法》，明确排污费的征收。1988年，国家环境保护局在上海、北京、徐州、常州等18个大、中城市进行水污染物排放许可证试点；在推行排污许可证制度的同时，国家选择包头、平顶山、开远、上海等10个城市进行排污权交易试点。这标志着我国在水资源保护中开始引入市场机制，排污权市场制度变迁就此拉开序幕。上海市闵行区建立的黄浦江流域COD排污权交易体系，取得显著的治污效果；江苏省南通市的SO2排污权交易体系也开始运转。

1991年，国家重新修订《污水综合排放标准》，制定行业性限制排放标准。与此相对应，北京、上海、广东、四川、厦门等省、市制定了地方水污染物排放标准，逐步形成综合和行业两类、国家和地方两级的水污染物排放标准。1992年，国家环保局颁布《排放污染物申报登记管理规定》，申报登记的内容主要是污染物排放标准所确定的内容，对其他没有被确定的项目也相应作出规定，便于环保部门掌握本地区的环境污染状况及变化情况，为排污收费提供基本依据。1996年，新修订的《中华人民共和国水污染防治法》颁布实施，对水污染防治规划的编制与批准、排污项目管理、单位排污申报、排污费的缴纳、排污总量控制、重要流域水质标准确定、城市污水处理、饮用水水源保护及应急措施、企业生产工艺减污规定、化学企业排污治理与检查等方面做出具体规定，制定超标排污收费和排污收费制度。2001年，国家环保总局发布《淮河和太湖流域排放重点水污染物许可证管理办法（试行）》；2003年，《排污费征收使用管理条例》颁布实施。

但我们应该清醒地看到，排污权市场交易制度是舶来品，比较适合市场经济高度发达的西方工业化国家。由于文化传统和经济体制的差异，排污权市场交易在中国的推广和运行相对较难，水污染的控制主要还是依靠行政和法律手段，市场机制的作用尚未充分发挥。作为一种市场导向的环境经济政策，排污权交易必须在相应的法律保障下，才具有合法性和权威性。参考国外和我国试点城市的经验，必须根据中国特有和不断变化的立法及司法要求，从法律上确认排污权、保障排污权的市场主体、明确排污权市场规则和管理机构，为排污权交易的推行奠定法律基础。

（二）矿产资源产权交易制度

矿产资源产权主要包括所有权与使用权，我国矿产资源属国家所有，使用权是指探矿权和采矿权。

长期以来，我国实行的是矿产资源无偿取得制度，矿产资源依照行政权力方式配置。1986年，《中华人民共和国矿产资源法》颁布实施，明确规定国务院代表国家行使矿产资源所有权，建立矿产资源有偿开采制度和矿业权制度，但探矿权、采矿权不能进行流转。1994年，国家对采矿权人征收矿产资源补偿费，结束了矿产资源无偿开采的历史；矿产资源配置机制由单纯计划安排转变为以计划为主，市场调节为辅。

1997年修订后的《中华人民共和国矿产资源法》正式施行。该法明确规定，国家实行探矿权、采矿权有偿取得制度，探矿权、采矿权凡能采用招标拍卖方式的，一律不得用行政审批方式授予。新法赋予探矿权、采矿权的排他性产权性质，确立了探矿权、采矿权有偿取得和依法流转制度，标志着我国矿产资源产权交易市场逐步开始建立。

1998年，国务院先后颁布实行《矿产资源勘查区块登记管理办法》《矿产资源开采登记管理办法》《探矿权、采矿权转让管理办法》，规定从1998年2月起，对探矿权人、采矿权人征收探矿权使用费、采矿权使用费；申请国家出资探明矿产地的探矿权、采矿权，还应缴纳探矿权价款、采矿权价款。全国各地积极探索和实践探矿权、采矿权有偿出让的各种方式和操作规程。

2006年9月，国务院批复同意财政部、国土资源部、发展和改革委员会制定的《关于深化煤炭资源有偿使用制度改革试点的实施方案》。该方案规定，此前经财政部、国土资源部批准已将探矿权、采矿权价款部分或全部转增国家资本金的，企业应当向国家补缴价款，也可以将已转增的国家资本金划归中央地质勘查基金（周转金）持有；企业无偿占有属于国家出资探明的煤炭探矿权和无偿取得的采矿权也要进行清理，在严格依据国家有关规定对剩余资源储量评估作价后，缴纳探矿权、采矿权价款；对一次性缴纳探矿权、采矿权价款确有困难的，经批准可在探矿权、采矿权有效期内分期缴纳。此后新设的煤炭资源探矿权、采矿权，其价款一律不再转增国家资本金，或以持股形式上缴。适当调整煤炭资源探矿权、采矿权使用费收费标准，建立和完善探矿权、采矿权使用费的动态调整机制。同时从煤炭行业开始，选取山西等8个煤炭主产省（区）进行煤炭资源有偿使用制度改革试点。

经过10多年的法律制度建设，矿业权逐步得到理顺，矿产资源产权交易市场也逐步发展，先后建立了青岛天智矿权矿产品市场、四川省国投产权交易中心矿业资产交易市场、贵州省矿权储备交易局、新疆国源土地矿产资源交易中心、乐山土地矿权交易市场等矿业市场。我国矿产资源在市场配置、矿业权招标、拍卖等方面取得一系列的效果，并发挥越来越重要的作用。

中国林业产权交易所是国务院批准成立的全国性林权及森林资源市场交易平台，由国家林业局联合北京市人民政府共建，采用国有控股公司制的组织形式，注册资金为1亿元人民币。交易所由林业要素交易中心、林权交易托管登记中心、森林资源资产评估中心、大宗林业商品综合交易中心等部门组成。作为国内唯一从事全国林业要素与资源的综合性交易和服务机构，通过建立"公开、公正、公平"的交易管理机制，统一交易规则、交易凭证、交易平台、信息披露和交易监管，为客户提供全国范围林木、林地交易托管及信息查询、林权证抵押融资、森林资源资产评估、大宗林业商品交易等服务，并对外公开发布林权流转交易、林权证抵押融资、林木交易市场行情等相关信息；开展碳汇交易、国际林业资源交易等业务。中国林业产权交易所与全国各县市地区林业局紧密合作，各地林业局将自己地区的林地进行整合，再打包到中国林业产权交易所挂牌，最大限度地拓展林地的目标市场范围。目前除国内林地资源外，中国林业产权交易所还募集到来自世界范围内的林地资源，如南美洲、非洲地区的林地资源，将有望在中国林业产权交易所挂牌交易。

可以说，在中国，林权是最早发生产权交易制度创新与变迁的领域，其制度体系相对也比较完备，这与制度变迁的潜在收益与边际成本的比较密不可分。与形态各异、时空分布不均、极具流动性的水资源相比，森林资源的质和量相对比较稳定，容易形成标准产权单位。从开采和开发的技术与成本方面看，又比煤炭等矿产资源相对更容易和更低，微观个体容易形成对可分割、可交易林权的需求，参与林权交易的积极性也比较高。中央政府主导的诱致性制度变迁推动了各地以追求经济利益为目的的林权自发性制度变迁，政府为林权交易提供交易标准、交易规则、交易场所和交易信息，并主导解决相关技术难题，这为我国确立和完善其他领域的产权交易制度提供了宝贵的经验。

四、清洁能源生产与推广制度

清洁能源是指不排放污染物的能源，包括核能和可再生能源。可再生能源是指原材料可以再生的能源，如水力发电、风力发电、太阳能、生物能（沼气）、海潮能等。

中国的清洁能源产业随着世界能源革命的发展而发展。20 世纪 80 年代以来，在"联合国共同宣言"推动之下，我国政府把新能源、可再生能源纳入国家能源政策和科技计划体系之中，制定因地制宜、多能互补、综合利用、讲究效率的发展方针。在技术进步推动下，能源消费结构趋向全面多元化，一次能源消费结构稳健地实现了从"以煤为主"向"煤油气并重"的转变，同时新能源、可再生能源比例也有较大幅度提升。此外，振兴核电也成为新能源多元化发展的重点之一。

中国新能源市场潜力巨大，需要相关政策、法律制度的颁布与实施，促进其发展驶入快行道。从创新型国家战略出发，借鉴国外特别是发达国家的经验教训，并与中国的具体实际相结合，对构建中国清洁能源生产与推广制度，有着十分重要的意义。

构建以《中华人民共和国可再生能源法》为基础、以各类专项能源法和地方立法为主干、以其他立法为补充的清洁能源法律体系，从清洁能源产业的垄断规制、价格改革、法律服务，到能源的清洁利用、环境安全监管、国际环境合作，建立完备的法律规则体系。强化能源法中的科技创新制度，制定绿色能源采购法，扩展绿色能源采购的范围和程序，在货物、服务和工程方面实施统一的绿色采购政策。完善太阳能利用法律制度体系和可操作的具体制度，正确处理政府干预与市场规律的关系，注重经济激励制度的运用，提高自主创新能力。制定覆盖电力、供热、燃料消费三大领域的可再生能源配额制度、扩大可再生能源义务主体并细化义务规则、完善可再生能源经济激励制度。建立海洋石油、天然气等不可再生能源储备法律制度，确立海洋可再生能源科研机构的法律地位，以促进海洋可再生能源高新技术研发。

当前存在的主要问题是，中国能源领域现行的国家能源局、国家发展和改革委员会、中国电力监督管理委员会共存的管理模式，使得政策制定与监管职责交叉重叠、机构职责与法律地位脱节。因此在监管制度改革的过渡阶段，既要依赖法制权威，又要重视其他社会治理手段的作用。作为能源产业市场化改革后的产物，能源监管机构的设置不仅需要根据政监分离和专业监管的要求在横向上处理好能源监管机构与能源政策制定部门、环境监管机构等相关机构的关系，而且还要划清纵向权力配置的界限，并适应能源产业监管的需要不断微调。同时，能源环境问题和市场失灵的存在决定了能源领域政府监管的不可或缺性。进行制度创新、放宽能源领域民间投资的准入门槛、细化和强化民间资本投资能源领域的支持性制度，被认为是打破中国能源行政垄断的基本举措。中国的煤炭环境问题、能源结构及可再生能源发展的技术水平、自然条件、经济成本的约束共同决定了煤炭清洁利用的紧迫性，政府不能忽视煤炭清洁利用及其应承担的法律义务；在煤炭清洁利用制度推进中，需要建立独立、高效的能源环境安全监管机构，其模式选择主要依赖于中国能源监管机构的制度设计。

五、绿色物流制度

绿色物流是指利用先进物流技术进行规划、运输、储存、包装、装卸、流通加工等的物流活动，包括各个单项的绿色物流作业（如绿色运输、绿色包装、绿色流通加工等）和为实现资源再利用而进行的废弃物循环物流。其行为主体为专业物流企业和与其相关的生产企业和消费者，它与绿色生产、绿色消费共同构成节约资源、保护生态环境的绿色经济循环系统。我国的绿色物流起步较晚，绿色物流刚刚兴起，针对物流行业的政策和法规不是很多，因此大有发展潜力。下一步的努力重点是：

（一）加强绿色物流的规划工作

建立和完善物流绿色化的政策和理论体系，对物流系统目标、物流设施设备和物流活动组织等进行改进与调整，实现物流系统的整体最优化和对环境的最低损害。制定控制污染发生源、限制交通量和控制交通流的相关政策和法规，强化现有物流体制管理，打破地区、部门和行业局限，按大流通、绿色化的思路进行全国物流规划整体设计，构筑绿色物流建立与发展框架。以现有物流企业为基础，逐步发展大型物流中心，与区域性配送中心相结合，建立多功能、信息化、服务优质的配送体系。

（二）加强控制物流污染发生源的法律制度建设

物流活动的日益增加、配送服务的发展，使得在途运输的车辆增加，导致大气污染加重。政府应采取有效措施，制定相应的环境法规，对废气排放量及车种进行限制；采取措施促进、鼓励使用清洁能源汽车，普及使用低排放车辆，对车辆产生的噪声进行限制，治理车辆废气排放，限制城区货车行驶路线等。如北京市对新车制定严格的排污标准，对在用车辆进行治理改造；同时采取限制行驶路线、增加车辆检测频次、按排污量收取排污费等措施，污染物排放量大为降低。

（三）限制交通量

通过政府指导作用，促进企业选择合适的运输方式，发展共同配送，政府统筹物流中心及现代化物流管理信息网络的建设，最终通过有限的交通量来提高物流效率，特别是提高中小企业的物流效率。

（四）控制交通流

政府投入相应的资金，建立都市中心部环状道路；通过道路与铁路的立体交叉发展、制定道路停车规则以及实现交通管制系统的现代化等措施，减少交通阻塞，提高配送效率。

六、全民监督制度

减少污染物排放和能源节约行为，由于其具有点多面广的特点，如果没有公众的参与，仅靠政府环境监察部门人员的抽查，显然不能满足节能减排的要求。政府还可建立全覆盖的实时监控系统，但建设和使用的成本高昂，既冲抵了制度创新的收益，又不符合生态文明的要求。而全民监督则可以以较低的成本推动绿色生产与绿色流通。

全民监督是指全体公民依据宪法和法律赋予的广泛政治权利，以批评、建议、检举、申诉、控告等方式对各种政治权力主体进行的一种自下而上的监督，直接体现了国家的一切权力属于人民和人民当家作主的原则。在生态文明的建设过程中，要使全民监督制度落到实处并发挥作用，必须做到以下几点：

（一）加强信息披露

扩大公众知情权与参与权。各级各部门要通过设置完善的公众参与内容、形式和程序，公开信息，公开政务，保障公众的环境监督权、知情权；要利用各种形式让群众参与政府环境政策和环境规划的编制，参与地方环境立法，参与工程建设项目环境影响评价工作；要开辟各种渠道让群众对政府及其环境保护部门的工作提建议。完善资源信息政府网站，公示资源保护政策法规、项目审批、案件处理等政务信息；公开发布资源能源与环境制度执行情况、资源能源与环境质与量的动态变化等信息；对资源环境保护政策执行不力的地区予以通报批评，对污染企业予以曝光，要求严重违法的排污企业的法人代表在媒体上公开道歉；对"两型"家庭、"两型"社区、"两型"城市予以表彰，通过各种渠道大力宣扬节能减排典型案例，加大道德约束力量的作用；依法推进企业环境信息公开，开展上市公司的环境绩效评估和水环境信息公告。同时，还应加强网络互动，开通"投诉与建议"电子邮箱，接受广大群众的批评和建议，完善现有的规章制度，对即将出台的节能减排正式规则征求群众的意见。

（二）建立民主协商机制

资源、能源与环境属于广大群众所有，有关资源、能源与环境的政策决策以及执行理应由全体民众共同参与。民主化的生态环境制度建设不仅是生态文明目标实现的关键，同时也是社会主义民主的重要体现。政府宏观调控、市场调节、民主协商三者结合是构建生态文明的有效途径。建立民主协商和利益保障机制，实行民主决策，完善公众参与的规则和程序，听取公众意见，接受群众监督，同时发挥"看不见的手"和"看得见的手"两个机制的作用。民主协商实际上是一种谈判和投票机制，地方利益主体通过广泛参与反映地方利益，实行地方投票、民主集中，在一定游戏规则下达成合约，其结果不一定是谈判各方的最优解，但却是较优解或妥协解，这将带来整体效益的提高。通过政治协商实现部分多样化资源市场化配置，其约束机制主要是合约约束，由于合约在其他利益主体约束条件下最大限度地反映自身利益，合约规定了违约受惩罚的规则，违约的成本必然很高，这就大大减少了违约的风险。民主协商为在公共资源配置中如何处理不同地区、不同产业、不同社会阶层之间的利益关系，实现公平与效率的有机统一提供了新的思路。解决这一问题，既不能延续过去的行政指令性分配，也不能仅仅依靠市场的自我调节。资源的配置方案不仅仅需要技术上、经济上的可行性，更重要的是制度上的可行性。

（三）建立公众参与环境执法机制与制度

充分发挥执法机构的执法职能、公众的外部监督、企业的内部监督作用，形成相互制衡的"三元环境执法监督体系"。重点以社区为单位，组织开展群众环保行动，推行公众参与监督机制。发挥社区引导和服务群众的独特作用，通过组织开展纵横结合的各类环保行动，唤起公众的环境主体意识，建立公众参与、监督环保工作的机制与渠道，增加环境与发展的决策透明度，促进生态环境领域决策和管理的科学化和民主化。

第四章　生态文明与低碳经济

　　"生态文明""低碳经济"已经不容否认地成为当今社会的主流话语，但这两个重要的政治语汇和学术语汇却没能实现理论上的"沟通"和"对接"。生态文明的构建需要低碳经济的基础之维，而低碳经济发展则需要生态文明理念的引导，它们两者之间不仅有着趋同的伦理价值观念，而且在理论上有着耦合逻辑关系，在实践中又相互支撑和相互支持。合理的低碳经济制度与机制的设计，正不断地推动着社会经济模式的进步和人类文明形态的嬗变，为人类社会和谐可持续发展带来曙光。

第一节　理论链接——学术创新生长点

　　"生态文明"始于 20 世纪 60 年代，由于工业文明的迅猛发展带来了全球性的环境污染和资源危机，严重地影响了人类经济社会的可持续性，在人类积极探寻新的文明形态的基础上，中国共产党于 2007 年在十七大会议上正式提出生态文明这个概念，并把它作为我国现代化建设的重要战略。生态文明是在中国传统文化中所蕴含的"天人合一"和"万物平等"等生态理念、西方历史文化中的生态思想和马克思恩格斯的生态社会思想的支撑下获得了理论构建，并在全球范围内被公认为是继农业文明、工业文明之后人类社会最新文明形态。"低碳经济"发端于 2003 年英国政府发表的《我们未来的能源：创建低碳经济》(Our Energy Future : Creating a Low Carbon Economy)，首次提出了"低碳经济"(Low-carbon Economy)概念，引起了国际社会的广泛关注。在短短的几年时间里，中外学者在循环经济、绿色经济和生态学理论的基础上探寻发展低碳经济的途径，学术成果斐然，低碳经济已成为发展新经济模式的理论基石。表面上低碳经济是为减少温室气体排放所做努力的结果，但实质上低碳经济是经济发展方式、能源消费方式，人类生活方式的一次新变革，它将全方位地改造以化石燃料（能源）为基础的现代经济发展模式。

　　总的来讲，生态文明与低碳经济是在全球人口、资源、能源与环境等方面问题日趋严重的背景下产生的两个重要话题。但是，在现今社会这两个重要语汇却没能在理论上实现沟通和链接。而现代科学发展的一个基本特点是，学科划分越来越细，但学科之间的隔阂也越来越严重。反之，在不同学科间进行"学术沟通"与"理论对接"，常常成为学术创新的一个生长点。因此，这两个不同领域学科之间的联系，不论是在政治精英的丰富思维，还是在严谨学者的学术剖析都很难进行完全清晰地厘分。通过研究表明这两个不同学科、不同主题的重要语汇在理论上不仅有着一定的耦合逻辑关系，而且在实践上存在着互动和支撑的联系。倡导生态文明理念，发展低碳经济，是摆脱工业文明日益凸显的弊端，推动人与自然、人与社会和谐发展的重要途径。因此，将两个分属于不同领域的重要词汇进行理论上的"链接"，易于在学术上求得创新。

第二节　生态文明与低碳经济的价值同构

现代社会正面临着"麦金太尔难题"，其所揭示出各种文明、种族之间的价值冲突也不断突显出来。由于世界经济的发展日益受到环境与资源的约束，迫使各国不得不寻求一种能够跨越不同文明之间价值的差异，共同应对人类面临的生态危机和能源危机的新的文明价值观。"生态文明"和"低碳经济"正是在这样的背景下产生，作为一种文明形态和一种经济发展模式，它们两者之间有着相同的核心价值。

一、人本意蕴：基于自然系统观视角

生态文明自然系统观认为，人虽然是大自然进化出来的具有较高价值的存在物，但并不是自然界系统中唯一具有内在价值的存在物，人与其他物种并没有高低之分，对整个生态系统而言，所有物种都具有不可缺少性，人的价值只是自然价值的延伸和升华。作为自然的一部分，人的内在价值也不可能大于作为整体的自然的内在价值。人与自然界的其他存在物都是一个巨大的存在链上的环节。由于人类的活动及其所形成的社会是引起整个生态系统变化最强有力的因素，因此人的活动影响比任何生物对生态系统平衡的影响都大得多。人类通过生产活动和其他活动，虽然为人类自身造福，但反过来也会破坏了生态平衡。现代生态学已揭示：不论人和人类社会的发展状况和程度如何，它都只是地球生态系统的一个组成部分；人和整个人类社会的生存和发展，在很大程度上取决于地球生态系统的平衡状态，人类的任何经济社会活动都不能破坏地球赖以为继的生态系统的平衡。目前的环境问题，就是指由于人类活动引起环境质量恶化或生态系统失调，从而造成了人自身发展的困境。

生态文明作为对工业文明批判的产物，它的一个突出特点就是侧重于人类对于自身发展的一种反思，反思的对象是如何处理好人与自然的关系，从而实现人的全面发展，体现着"以人为本"的理念。正如马克思认为："人靠自然界来生活。这就是说，自然界是人为了不致死亡而必须与之处于持续不断的交互作用过程的、人的身体。所谓人的肉体生活和精神生活同自然界相联系，也就等于说自然界同自身相联系，因为人是自然界的一部分。"因此，生态文明建设的立足点是建立人与自然的和谐关系，其核心价值是实现人与自然的协调发展，其指导思想是坚持以人为本的原则，从人类的长远利益出发，既要满足人类社会发展的需要，又要保护生态平衡，最终实现人类自身从必然王国迈向自由王国的飞跃。

以马克思经济学人本意蕴观点解读，低碳经济是人类应该而且必然的选择。因为低碳经济是指碳生产力和人文发展达到一定水平的经济形态，旨在实现控制气体排放的全球共同愿景，低碳经济研究的是以低能耗、低污染、低排放为基础的经济发展模式和生活方式。低碳经济作为一种新的发展模式，是经济发展的碳排放量、生态环境代价及社会经济成本最低的经济，是一种能够改善地球生态系统自我调节能力可持续很强的经济。因此，低碳经济是将人、资源环境和科学技术等要素构成的一个大的系统来考量。低碳经济发展模式致力于构造一个以环境资源承载能力为基础、以自然规律为准则、以可持续社会经济文化政策为手段的环境友好型社会，实现经济、社会、环境的共赢。低碳经济的主要目标是运用高新科技，积极改善和优化人与自然的关系、人与社会的关系、人与人的关系，使自然生态系统和社会生态系统实现最优化和良性运行，最终达到生态、经济、社会的可持续发展。其中改善和优化人与自然的关系是基础，即把传统经济发展模式下的人对大自然的"征服""挑战"变为人与自然和谐相处、共生共荣、共同发展。

另外，发展低碳经济的核心就是节约、高效利用现有能源，同时积极开发、充分利用低碳能源。其关键就在于人的能力提升。从人与能源的关系看，人是认识与评价能源的主体，只有人才会对能源是否满足人的需要进行认识与评价。人又是更新改造能源的主体，能源则是适应人的需要基于能源本身的规定而由人创造的客体。但是人的素质、能力也决定了人可能损害能源。目前，不管是经济发达国家，还是发展中国家，都不同程度地存在能源浪费，其根本原因就在于人的能力，即认识与生产能力的缺陷。因此发展低碳经济，提高能源利用水平关键就在于人的能力提升。从人类发展所经历的自然低碳经济阶段、征服自然的高碳经济阶段以及后工业社会倡导的与自然相协调的低碳经济三个阶段来看，低碳经济正是人类自身对现有经济模式的反思、对自然系统观认识不断升华和依靠科学技术力量的创新所选择的新的经济发展模式，这与生态文明所倡导的敬畏自然、热爱自然与自然和谐相处的生态自然系统观相一致。随着低碳经济这一新的发展模式日益发展壮大，人类也将在这场能源革命变革中不断获得解放。

二、自然责任：基于自然伦理观视角

在人与自然关系上始终存在两种基本观点：人类中心主义和非人类中心主义。前者将人归属于自然，后者将自然归属于人，但都是将人类与自然的关系对立起来。强调人是自然的一部分，就会将人消解于自然之中，造成自然对人的支配；认为自然是人的一部分，就会将自然消解于人之中，导致人对自然的奴役。随着生态环境的恶化和能源危机的爆发，着重审视人对自然的责任和义务已成为自然伦理学研究的焦点。生态文明从理论形态角度看是将人和自然的辩证关系作为理论的主题，它强调人类的道德认识应扩延到人与自然的关系层面，在充分认识自然的存在价值和生存权利的基础上，增强人对自然的责任感和义务感，建立公正合理的社会制度，来协调人与社会、自然的关系，达到三者共生共荣、共同发展。从伦理学本质上讲，生态文明伦理的实质是一种责任伦理。因为，责任伦理强调"人与人之间的责任延伸到人类，特别是对未来人类的尊重、责任和义务；并且人不仅仅是对人才有义务，而且对人类以外的大自然、作为整体的生物圈也有义务，并且这种保护并不是为了我们人类自己，而是为了自然本身"。正如亚里士多德认为，幸福即是至善，"幸福就是合乎德行的现实活动""合乎德行的现实活动，才是幸福的主导，其反而则导致不幸。……在各种人的业绩中，没有一种能与合乎德行的现实活动相比，较之那些分门别类的科学，它们似乎更为牢固。在这些活动中，那享其至福的生活，最为持久，也是最荣耀和巩固的"。在人与自然关系中合乎道德责任的实践活动是生态文明倡导的理念之一。

从伦理学角度，低碳经济是经济发展方式、能源消费方式和人类生活方式的一次新变革。它以保护自然资源和生态系统为目的，它将经济活动、生态智慧与对自然界的伦理关怀融为一体，反对以牺牲环境价值来获得人类的利益，并且在发展生产力、提高社会物质文明的基础上实现人类在环境利益上的公平和可持续发展。从伦理的价值观角度看，低碳经济认为处在社会结构中的人与自然都是社会发展中不可缺少的重要因素，都具有重要的价值。人的价值与自然环境的价值是相互作用和相互影响的。重视自然环境的价值，才能实现人的价值。如果只强调人的价值，无视或者忽视自然环境的价值，人的价值就不可能实现。从伦理的方法论视角，低碳经济在人与自然的关系方面，不再是单一地对自然的索取和利用，而更注重对自然生态系统的保护、修复和保持，强调经济、社会和环境的协调发展。低碳经济把自然环境当作人类的亲密伙伴，尊重和服从自然环境，顺应和善待自然环境，呵护和促进自然环境的发展。人不能善待自然，自然环境就会以各种方式对人类进行报复，导致生态环境危机，并由此引发一系列的社会危机。对自然环境的任何破坏都会导致对社会的破坏，生态环境灾难实质上是社会灾难和文化灾难，生态环境危机实质上是社会危机、文化危机和人的自然道德责任缺失。

因此，低碳经济作为一种生态经济形态，它的伦理价值取向是追求对大自然的责任意识和关怀意识，而非当代人类自身财富价值的最大化。它以马克思的自然观为指导，既注重人的主体性，又承认自然的内在价值和道德责任，追求人与自然的协调发展、和谐发展，是人类实践活动中能动性与受动性辩证统一的充分体现。显而易见，低碳经济有别于其他经济形态，使人类对自身所应该承担的对自然的道德责任和道德义务有一个全新的认识和肯定，提升了人类的道德境界，体现了生态文明责任伦理的价值取向。

三、环境公平：基于可持续发展观视角

自古希腊哲学家柏拉图在《理想国》中提出"公平"概念伊始，公平就成为人类的崇高理想。随着人类进入工业文明时代，"高生产、高消耗、高污染"的经济发展模式带来的能源危机和环境污染等全球灾难性问题愈演愈烈。二十世纪八十年代，人们在对现有发展模式反思和批判中，一种新的公平概念——环境公平由美国学者约翰·罗尔斯正式提出，所谓环境公平"首先，它意味着在分配环境利益方面今天活着的人之间的公平；其次，它主张代与代之间尤其是今天的人类与未来的人类之间的公平；最后，它引入了物种之间公平的观念，即人类与其他生物物种之间的公平"。这种蕴含着可持续发展内涵的公平概念一经提出很快在世界各国传播开来，成为学术界的关注焦点。

环境公平性是生态文明的最根本特征。生态文明同以往的文明形态不同，在人与自然关系上，它是以把握自然规律、尊重和维护自然为前提，以人与自然、人与社会和谐共生为宗旨，以全球资源环境承载力为基础，以建立可持续的产业结构、产生方式、消费模式以及增强可持续发展能力为核心的文明形态。在人类关系上，代内公平开始纳入人类的视野，代际公平法得到应有重视。可持续发展观认为，某一代人的发展也仅仅是人类整个发展链条上的一个环节，为了确保人类发展的连续性，在人类追求本代人利益的过程中，必须充分顾及后代人的发展条件，实现最大限度的代际公平。因此，生态文明的发展就是要消除人与自然的不平等关系，倡导

构建世界各民族平等为核心，着眼代内公平、公正的全球政治经济新秩序，在强调人类在代内公平的基础上，追求代际公平，实现社会产品和自然资源的数量、质量与承担生态责任之间的统一，使当代人要为后代人保护生态环境和留存发展资源。总之，生态文明理念要求人类社会从过去片面地单一地追求经济效益的发展观，转为追求"环境——经济——社会"代际、代内之间公平、公正的可持续协的发展观上来，这是解决当今社会发展与环境恶化相冲突的唯一途径。

现代意义上的低碳经济是在人类社会发展过程中，人类自身对经济增长与福利改进、经济发展与环境保护关系的一种理性权衡；是对人与自然、人与社会、人与人之间和谐关系的一种理性认知；是一种低能耗、低物耗、低污染、低排放、高效能、高效率、高效益的绿色可持续经济；是人类社会继工业革命、信息革命之后的新能源革命。其指导思想是在不影响经济社会发展的前提下，通过技术革新、制度创新和生活方式改变，降低能源和资源的消耗，最大限度地减少温室气体的排放，避免生态环境进一步恶化，使有限的能量资源得到最大化地利用。这与传统经济发展模式将生产、资源和环境割裂开来，形成大量生产、大量消耗和大量污染的恶性循环截然不同，低碳经济是在寻求一种"保持自然资源的质量，使经济发展的净利益增加到最大限度"的发展模式。因此，低碳经济发展模式强调人与自然、人与人之间的公平和谐；强调人类社会经济发展过程中环境与资源利用的公平公正性。可见，低碳经济在本质上就是可持续发展经济，是生态经济可持续发展的新阶段，在对于环境公平这一可持续重要命题上，低碳经济与生态文明在理念上有着共同的追求。

生态文明的构建需要低碳经济作为基础，而低碳经济发展则需要生态文明理念的引导，在理论层面都是为了克服发展过程中的资源、环境、生态问题，实现人与自然之间的和谐共生；在实践层面上都是围绕着新能源、新的生活方式和新的经济模式来展开。倡导低碳经济，加速人类文明形态向生态文明转型，是现实社会可持续发展的必由之路。

第三节　低碳经济与生态文明的互动与支持

模式与理念的关系实质上反映的是实践与理论的互动与支持，先进的理念催生着新的模式，而新的模式又是先进理念不断发展和完善的重要推手。生态文明的建设有赖于其实践基础——低碳经济这种生态化、低能耗化的生产模式和生活方式的先进经济模式。而生态文明的兴起不仅为低碳经济的转型提供了理论基础，且为低碳技术的创新带来了强大动力。

一、低碳经济：文明转型的催化剂

工业文明时代，在"人类中心主义"价值观指导下，人们在生产活动过程中只关注如何最大限度地开发自然资源，最大限度地获取利润。工业文明虽然为人类创造了非常丰富的物质财富和精神财富，但它的高开采、高能耗、高消费、低利用"三高一低"的线性经济发展模式在创造了大量社会财富的基础上，也以惊人的速度吞噬着以化石燃料为主的不可再生能源资源，导致全球能源枯竭。同时，大量的温室气体排放扰乱了自然生态系统各种因素之间的微妙平衡，导致全球气候变暖、冰川融化、生态系统退化、自然灾害频发，这直接影响了人类的生存和安全。据统计，全球每年产生的 230 多亿吨二氧化碳，其中约有 30 亿吨为地球生态系统自进化，而剩下的 200 亿吨残留在大气层中，而这正是导致温度变化进而引发各种生态危机的首因。英国著名的社会学家吉登斯指出："现代社会如同置身于朝四方疾驰狂奔的不可驾驭的力量之中，这种力量必然将现代社会带入被人为制造出来的大量新型风险之中，其中包括生态破坏和灾难。"事实上，臭氧层破坏、土地荒漠化、能源危机、气候变暖、物种灭绝等等灾难无不与高碳排放有着直接的关联，每一种危机都关系到人类未来的生存，人类文明的延续和发展。面对生存困境，人们不得不对现有的发展模式进行反思与批判，在更高层面上探寻新的文明形态和发展模式。作为人类对传统工业文明进行理性反思的产物，生态文明已成为21世纪正在形成和发展的人类最新文明范式。

尽管生态文明与工业文明也有着相同之处，即强调发展是人类社会活动的轴心，但生态文明要求发展必须在生态可承受的范围内，更好地保障和促进经济社会的可持续性。因此，生态文明建设需要一种新的经济模式和实现平台来支撑。低碳经济作为一场"降低对自然资源依赖的新经济发展模式，在发展中注重生态环境保护，促进人类文明由工业文明向生态文明的转变"的社会形态的变革。是"人类自身对经济增长与福利改进、经济发展与环境保护关系的一种理性权衡；是对人与自然、人与社会、人与人和谐关系的一种理性认知；是一种低能耗、低物耗、低污染、低排放、高效能、高效率、高效益的绿色可持续经济；是继人类社会经历过原始文明、农业文明、工业文明之后的生态文明；是人类社会继工业革命、信息革命之后的新能源革命。"它的出现不仅有助于缓解我们面临保护资源环境的压力，而且它将通过生产技术创新、产品创新、生产工艺和生产组织与结构创新，发展低碳与无碳新能源，构建以非化石燃料为核心的，以可再生能源为基础的能源结构，使整个社会生产与再生产活动低碳或无碳化，使社会经济系统与自然生态系统间的物质、能量和信息的传递、迁移形成良性循环，从而形成可持续发展的社会经济优选模式。这种社会经济优选模式，按照人类文明形态发展轨迹，既可克服农业文明时代低效率的明显弊端，又可消除工业文明时代虽然拥有高效率，但却造成环境污染、生态恶化、气候变暖三大"非和谐效应"，从而实现生态文明所追求的人类社会摆脱贫困、污染等不利因素的干扰，开始迈向自由王国的理念。因此，低碳经济这种兼具效率与和谐的新经济模式，无疑起着人类社会实现由工业文明向生态文明转型的催化和裂化作用。

二、生态文明：经济转变的理论基石

生态文明是一种正在形成和发展的文明范式，是人类对传统工业文明进行理性反思的产物。目前人类文明正处在由工业文明向生态文明过渡的转型之中。由于不同的文明形态有着不同的生产方式和生活方式，因此，每一种社会形态的碳经济和碳排放有着显著区别。纵观人类社会演变史。在漫长的农业社会里，人类社会的生产力水平有了一定的提高，土地成了经济发展的稀缺资源，土地取代劳动力成为农业文明时代的发展主导因素。但处于生态食物链高端的人类，一方面从绿色植物获取碳水化合物中的植物蛋白等糖类化合物，从食草动物中获取动物蛋白，以维持生命所需的物质和能量；另一方面从碳水化合物中的纤维素获得生物质能，如木材和干草为人类提供了供热取暖的生物能源。由于生产力发展水平低下，对资源的开发和利用有限，人类对自然生态系统的影响是有限的，大气中二氧化碳含量一直稳定在 250-280ppm 左右。这个浓度对地球大气温度的变化起到了平衡作用，农业文明最大的特点是天人合一。在工业社会，化石燃料基础上的高碳经济工业文明重组了人类的能源结构，实现了从木材向化石燃料的转型。这一历史性变革极大扩展了人类经济活动的广度和深度，同时也彻底改变了地球的原始大气。工业社会极大地推动了生产力的快速发展，生产方式和生活方式都发生了根本性的变化。工业文明的标识是人类对碳氢化合物的发现和使用，如煤炭、石油和天然气等。因此，工业社会是建立在对化石燃料的勘探、开采、加工、利用基础之上的经济社会，它使人类经济发展方式发生了翻天覆地的变化。但长期以来，以化石能源为基础的工业社会已悄然地把人类带入了"高碳经济"体系，化石能源是以高二氧化碳排放为代价的。在化石能源体系的支撑下，形成了高能耗的工业即高碳工业，甚至连传统的农业也演变成高碳农业，支撑现代农业发展的化肥和农药都是以化石能源为基础的。从而造成了化石能源的使用规模和速度与二氧化碳排放量呈线性增长趋势，影响着地球自然生态系统的内在平衡性，是目前人类社会环境污染和资源枯竭的主要因素，直接威胁到人类的生存和发展，是一种不可持续的社会发展形态。以生态文明理念为指导的未来社会是基于化石能源高效利用和开发可再生能源基础之上的低碳排放的经济发展模式，是一种将温室气体排放有效控制到尽可能低的一种经济发展方式。作为一种能够改善地球生态系统自我调节能力的可持续发展的经济形态，生态文明倡导从关注碳水化合物的开发利用转向关注碳氢化合物的研究利用，构建以低碳或无碳能源为核心的技术体系和基础设施，这正是低碳经济所推崇的一种将温室气体排放有效控制到尽可能低的经济发展方式的核心所在。生态文明不仅从理论上为低碳经济提供目标引导，而且在实践中也支撑着低碳经济的快速发展。

其次，生态文明的兴起为低碳经济的技术转型提供了动力。不同的文明时代有不同的核心技术，每一次社会转型都是在重大技术突破的基础上发生的。耕种、饲养等技术的发明，使人类从迁徙的狩猎文明进入定居的农业文明；以蒸汽机为先导的机器技术，开辟了化石能源大规模利用的工业文明时代。然而支撑工业文明的化石能源是有限资源，大量使用会导致生态失衡和能源枯竭，因而是不可持续的。而生态文明是以可再生能源替代化石能源为主要标志的人类与自然和谐相处的文明，其能源模式是以太阳能、地热能、风能、海洋能、核能及生物能为核心的"可再生能源"。如太阳能是太阳核子连续不断地核聚变反应生产的能量，每秒照射到地球的能量相当于 500 万吨煤的能量。风能储量大、可再生、分布广、无污染，是取之不尽、用之不竭的能源。而逐渐成熟的核电技术可以大规模地生产清洁能源，并有很大的发展空间。如果把海水中的氢提取出来，它所产生的总热量比地球上所有化石燃料放出的热量还要大 9000 倍。这些正是生态文明追求和倡导的低碳经济的核心技术范式。这些低碳技术的开发应用，特别是大规模应用，将颠覆以化石能源为基石的工业文明发展模式，带来能源利用方式的全新革命，它不仅能够化解当前社会资源短缺的现实问题，而且也是遏制当今世界生态持续恶化，破解当今科学技术"双刃剑"难题的有效途径。

三、低碳经济：生活方式变革的载体

众所周知，一个社会要推动一项经济模式的发展，必须以大众的生活消费模式为根基。工业文明时代受到笛卡尔的"二元论"的影响，特别是在 20 世纪 30 年代凯恩斯的消费不足危机理论中所提出的"鼓励消费、反对节俭、浪费致富"的理念支配下，西方世界将消费主义作为一种生活方式和商业主义的意识形态横加流行，提倡毫无节制、毫无顾忌地消耗物质财富和自然资源，并把消费看着是人生最高目的加以追求。这种由"消费致富理论"所衍生出的消费异端的生活方式不仅在发达国家非常普及，目前正逐步向发展中国家蔓延。长此以往，它势必导致自然资源的严重匮乏和生态环境的不堪重负。同时，过度消费的价值观使人们遗忘了人类作为整体的有机的自然的一部分，所应当有的伦理和精神上的联系。结果是，人们虽然过上了舒适优裕的物质生活，却在精神上陷入空虚和迷茫。这与生态文明所倡导的和谐、可持续、公平的消费观格格不入。马克思曾有力地对消费异端所包含的过度消费进行过批判："享受过度消费的人……，他把人本质力量的实现，仅仅看作自己放纵的欲望、古怪的癖好和离奇的念头的实现。"

低碳经济的发展不仅需要生产方式向低碳转型，更需要引导大众的生活消费理念和方式向低碳转变，使低碳社会消费模式成为化解目前人类生存困境的一个重要途径。低碳经济所倡导的低碳生活是一种简约、简单、简朴的生活方式，其实质是一种生态消费模式和可持续消费观。首先，低碳生活方式符合人与自然和谐相处的生态伦理要求。人与自然原本就相互依赖、相互制约。人与自然在发生物质交换关系的同时，还发生着重要的伦理互动关系，和谐共荣是人与自然关系发展的伦理目标。在"征服自然""人定胜天""自然资源取之不尽，用之不竭"等思想指导下，现代工业文明在追求经济增长的过程中给环境带来极大破坏，造成了如今全球气候变暖的整体趋势日益严峻。自然界正以一种特殊的方式向人类施加给它的影响做出强烈反应，这种反应被恩格斯称为"报复"。因此，保护人类赖以生存的家园，促进人与自然和谐相处，已经成为有识之士的共同伦理渴求，是对自然界"报复"人类行为的积极回应。低碳生活方式是人们对传统生活方式的革命性变革，符合人与自然和谐相处的生态伦理要求，也有利于实现人与自然和谐相处的伦理目标。其次，低碳生活方式担当了代际消费伦理责任。在西方消费主义的影响下，人们的物质欲望快速增长，高消费、"用明天的钱圆今天的梦"的超前消费、一次性的便捷消费等为人们所追捧。但是，高消费刺激高需求，高需求刺激高生产，高生产导致向大自然的高索取，高索取最终导致资源的高消耗、环境的高污染和生态系统的高破坏。人们的消费方式直接影响到气候环境的变化。消费不仅是物质行为，也是道德行为。所谓消费公正，是消费主体在消费自然资源和物质资料时应充分考虑到其他消费主体的消费权益，考虑消费活动对自然环境的影响。不公正的消费行为理应受到伦理谴责和道德审判，而"低碳生活方式恰好担当了代际消费公正的道德责任"。当代人不能只顾满足自身的发展，而要尽可能地给后代人留下广阔的生存和发展空间；也不必因顾及后代人的消费而消极克制当代人的消费，扼杀当代人在环境开发与利用上的能动性，重新使人沦为环境盲目性的奴隶。谈到低碳生活，许多人就认为用步行代替车行直接影响汽车工业的发展，少使用或不使用空调直接影响家电产业的发展，不吃或少吃方便食品直接影响食品工业的发展，认为这种生活方式会导致中国经济发展放缓甚至倒退。尽管这样的想法比较片面，但客观上反映了人们在经济伦理上的现实困境。要发展就必然要排碳，要消费也必然会相应增加碳排放量，这是符合经济发展和社会生活客观规律的。从伦理上讲，这是正当的、善的。但是，在发展经济的过程中人们的健康权、生存权、发展权也要得到保障，这也是正当的、善的。而这两个"善"在根本上具有一致性。经济发展的目的是让人们过上幸福生活，发展是获取幸福生活的重要手段，目的善和手段善有机地结合在一起，低碳生活方式打通了经济与伦理内在统一。

　　从以上分析我们可以得出结论，低碳消费是一种生态消费、适度消费、精神消费、文明消费、理性消费、健康消费、绿色消费、可持续消费、追求人与自然和谐的消费。这种消费着力于解决人类生存环境危机，其实质是以"低碳"为导向的一种共生型消费方式，使人类社会这一系统工程的各单元能够和谐共生、共同发展，实现代际公平与代内公平，均衡物质消费、精神消费和生态消费；使人类消费行为与消费结构更加科学化；使社会总产品生产过程中，两大部类的生产更加趋向于合理化。低碳经济模式下，消费方式必将迎来一次全新的转变。

　　因此，全社会要树立起低碳、低排放的消费理念，从衣、食、住、行入手建立全新的生活观和消费观，克服工业革命以来形成的消费至上理念，摒弃以高耗能源为代价的"便利消费""奢侈和面子消费"嗜好，这不仅有益于人们的身心健康和生活质量的提高，且有利于实现人与自然的和谐共生，有利于实现人类生活消费方式向生态文明变革。

第四节　低碳经济制度设计与生态文明理念实现

低碳经济已经成为全球应对气候变化和生态环境危机的重要举措，生态文明则是推动社会经济发展的重要努力方向。低碳经济和生态文明虽然理念相似、目标相容，也有着一定的耦合逻辑。但如何实现两者在理论上连接，在实践中相互支持；如何通过低碳经济这种创新模式来培育全社会崇尚低碳文化的主流意识，从而推进生态文明所倡导的人与自然可持续的理念，则有赖于系统化的保障机制。重视低碳经济制度设计，这既是文明形态发展与经济模式改革的基础，也是低碳经济机制、制度建设与实现生态文明必须首先要解决的环节。

一、意识引导：构建与低碳经济相容的非正式制度

意识形态作为一种非正式的制度设计，是减少其他制度安排的服务费用的重要制度安排。因为，意识形态是一种能够产生极大外部效果的人力资本，它对社会变革所起到的作用有时远超于其他的制度安排。而意识形态最直接的表现方式之一便是文化。文化是人类在长期的社会实践活动中创造的物质财富的凝结和精神财富的积累，它大致包括了精神、信息、行为、制度、物质等几个层面。长期以来，工业文明所倡导的"高碳"发展思想潜移默化地引导着人们的消费模式和生产方式。因此，在发展生态文明所推崇的"低碳"理念上，人们观念中必然存在着许多误区。要消除这些误区，在意识形态领域培育一种适应生态文明理念的经济文化形态就显得非常迫切。低碳文化作为低碳经济蓬勃兴起而催生出来的新经济文化形态，它蕴含着"人法地，地法天，天法道，道法自然"的中国传统思想，昭示着对传统发展范式的否定，意味着以人与自然和谐发展为取向的新的价值观生

成，这正是我们当今社会亟须弘扬的思想价值体系。

低碳文化主要是指人们在生活、生产过程中，具有的低碳行为和意识，属于科学文化的范畴，具有鲜明的低碳排放与低碳消费的科学特征，是节能减排时代的特有文化。低碳文化是低碳经济的基石，低碳经济催生了低碳文化，低碳经济的建设需要低碳文化的引领和约束。

首先，低碳文化是低碳经济发展的文化支撑。它是一种建立在对传统工业文化所推崇的价值观、利益观和发展观进行反思的基础上，能够有效应对气候变化、发展低碳经济、解决能源安全，实现人类可持续发展和人与自然和谐的新文化。正如佩鲁所说："各种文化价值在经济增长中起着根本性的作用，经济增长不过是手段而已。各种文化价值是抑制和加速增长的动机基础，并且决定着增长作为一种目标的合理性。"低碳文化要求人们在生产实践和日常生活中，要有"低碳化"意识和行为；在涉及能源消费的活动时，以提倡生态文明和满足人的基本需求、讲究文化质地为目标而少排放、多吸收、再利用，从而把人对自然资源的消耗和对环境、气候的影响控制在地球可承载的范围之内。

其次，低碳文化是一种科学文化。科学主导着当今社会，现代的文明就是科学的文明，文化的发展和演进离不开科学的土壤。在大力发展低碳经济的今天，低碳文化的产生和形成与科学密切相关。一方面，低碳文化是科学的，具有科学的品质—科学知识、科学思维、科学方法、科学原则；另一方面，低碳文化展示了活动主体的文化涵养、文化品位和文化个性。作为科学的文化，低碳文化为改善人的生存境遇提供切实可行的方法和手段，开创新的经济增长点，从而实现低碳繁荣的目标；低碳文化劝导人们适度消费，消除奢侈和浪费，使人从"物化"和"异化"的生存境遇中走出来，实现心身的自由与和谐、人与自然的共通共荣。低碳文化融科学、文化于一体：既有物质生活的丰裕安康，又有精神生活的充实健康；低碳文化是崇尚科学技术的、求真的文化，但它又消除科学技术的非人性因素——"见物不见人""见理不见情"，从而满足人们物质文明和精神文化的需求。由此可见，低碳文化将会引领未来社会发展的方向。

最后，低碳文化是一种生态文化。所谓的生态文化，就其内容而言，是与人类中心主义文化以及生态主义文化相对立的文化，它是指人类在实践活动中保护生态环境、追求生态平衡的一切活动的成果，也包括人们在与自然交往过程中形成的价值观念、思维方式等。而就其形态而言，它是相异于农业文化、工业文化的文化，是一种扬弃了以往文明成果的文化。生态文化就是基于对人与自然界关系的正确认识、以人与自然和谐发展为价值取向、以人类的生死存亡及人生意义为终极关怀、与当前低碳经济建设相适应的一种文化形态。然而，生态文化不仅仅是一个理论问题，它更是一个实践问题。因此，在现实生产生活中我们须把价值观念、权利意识同价值、权力本身区别开来，承认自然也有主体性特征，把伦理关怀从人扩展到自然，把人类生存和发展的愿望，放置到与自然万物相对平等的位置，对世间万物注入深切的人文关怀，这不仅是精神价值的体现，也是科学理性精神的体现，更是迈入低碳经济社会所迫切倡导的文化形态。发展低碳经济、构建生态文明社会已经成为全球共识。要真正实现低碳发展，仅仅从技术、经济和制度的层面着手还只是治标之策，要想从根源上解决问题，还需要在转变人们的思想文化观念上做文章。在全社会培育低碳文化，使社会大众普遍形成低碳思想文化观念，树立低碳生产和生活态度，才是解决低碳发展问题的根本之道。只要人们能够普遍确立低碳价值观念，形成低碳态度和习惯，掌握低碳理论知识和技能，遵守低碳法律政策道德规范，担当低碳行事和生活的责任，践履低碳生产和生活方式，形成良好的发展低碳经济的社会氛围，才能加快我国的生态文明社会的建设步伐。

二、行为规范：构建推动低碳经济的法律制度

然而源于人类在实践活动中对人与自然关系的最新认知的低碳文化不仅意味着践行低碳生产方式和生活方式，更应内化为低碳的物态文化、制度文化、行为文化乃至心态文化。而这种意识的引导和内化是要靠各种行

为的规范和相应的法律政策措施加以引导和限制。发达国家为实现其低碳经济的战略目标，设计了各种有效的低碳经济法律制度。如美国推行的"绿色能源法案"规定：以 2005 年为基准年度到 2012 年使温室气体减排 3%，2020 年减排 20%，到 2030 年减排 42%，到 2050 年减排 83%。该法案构成了美国向低碳化经济转型的法律框架。日本在战后期工业获得了很大的发展，面对全球气温变暖，日本政府制定了应对气候变化的法律——《全球气候变暖对策推进法》。2008 年，英国公布了应对气候变化的立法文件——《气候变化法案》草案，为英国建设低碳社会确立了目标并且提供了指南。德国于 2004 年颁布了《国家可持续发展战略报告》，从国家层面确定低碳经济发展的方向，另外在主要领域的一系列实践后分别制定发布了《环境规划方案》《节省能源案例》在国家整体发展的战略高度进行定位。从世界发达国家由"高碳经济"向"低碳经济"转型的立法实践，我们可以看出法制在低碳经济发展中的支撑作用，即都是通过立法先行，确立低碳经济发展道路，通过制度创新和法制支持保证项目的实施。"向低碳经济转型已成为世界经济发展的大趋势"。国外的经验昭示我们，无论是英美法系国家还是大陆法系国家，立法是推动社会经济朝着低碳方向转型的必然要求。发展低碳经济，建设低碳社会，立法要先行。因为低碳经济发展所导致的经济结构、产业结构调整，以及经济发展模式、消费模式乃至生活模式的变革，都需要法律的规范与调整。法律成为实现转变发展方式、调整经济结构、创新优化的重要推力和杠杆，为发展低碳经济提供了法律和制度保障。

改革开放 40 多年来，高碳经济发展模式已经严重地制约了中国经济的稳定发展。当今中国和美国一样，都是世界上碳排放大国，2009 年 11 月，我国政府正式对外宣布控制温室气体排放的行动目标，决定到 2020 年单位国内生产总值二氧化碳排放比 2005 年下降 40%~45%。并且将这一约束性指标纳入国民经济和社会发展的长期规划，并制定相应的国内统计、监测、考核办法。作为履行《联合国气候变化框架公约》的一项重要义务，我国发布了《中国应对气候变化国家方案》。这是我国第一部应对气候变化的政策性文件，也是世界发展中国家在应对温室效应问题的第一部国家方案，阐述了我国在应对气候变化上的基本态度和采取的对策。在具体的行业中，我国于 2008 年 4 月 1 日正式生效了《节约能源法》，从三个方面对未来做了原则性的设定。第一对节能基本制度做了规定，实行节能目标责任制和节能评价考核制度，像固定资产投资项目节能评估审查制度；第二体现市场调节和政府监管的工作思路，综合运用经济手段和市场手段，利用经济、法律、财税等政策引导节能；第三增强法律的感召性，对建筑、交通和公共机构等重点节能减排领域增加一项内容，从法律层面确保减排的目标，这对更长远的发展具有比较深远的意义。2010 年 4 月 1 日，国家颁布《可再生能源法修正案》，明确了可再生能源发电全国保障性的收购制度，鼓励可再生能源并网发电，同时设立专项资金，进行相应的补贴，这在《循环经济促进法》里面也有相应的制度。在法规中提出两个重点，就是民用建筑节能条例和公共机构节能条例。两个法规使我国节能减排工作开始向纵深发展，直接深入到自己的用能领域。公共机构节能条例明确规定了公共机构应该加强用人管理、降低能耗消耗、制止能源浪费、较高地利用能源。除此以外，我国在有关低碳经济的领域制定诸如《清洁生产促进法》《煤炭法》《电力法》《可再生能源法》《固体废物污染环境防治法》《大气污染防治法》等法律法规以及《气候变化国家评估报告》，这些法律法规的出台与实施对于提高我国资源能源利用效率、发展低碳经济均具重要的促进作用。

虽然近年来，中国先后制定了促进环保、节能减排等法律法规，体现了发展低碳经济的部分要求，部分法律中个别条文的制定也提高了资源利用率，这对保护环境、节约能源以及碳排放的调控产生了一定的约束力。但从总体来看，现有的法律法规还存在诸多不足，在支撑低碳经济发展上仍存在不少问题：一方面低碳经济发展的法律框架体系缺乏基本法、综合法与专项法三个层面的整体联动，立法体系不够完备；另一方面已有的一些法律法规原则比较笼统，缺乏必要的强制性标准等技术法规，可操作性不强，相关法律之间不够协调，有关的配套措施不到位；第三，出台了许多与低碳经济有关的环境保护法律、法规和规章，但这些立法由于当时的立法环境发生了较大的变化，已经不能适应目前经济社会发展的情况，需要进行修改，弥补法律的漏洞。因此，在国际社会广泛倡导发展低碳经济的形势下，我国正在积极地融入国际发展的大流中。在考察研究其他各国的低碳经济发展情况和立法实践后，应根据我国经济社会发展的实际情况，尽快制定出一部真正现代意义上的《低碳经济法》，在法律制度层面上健全有关促进低碳经济发展的法律规定，降低从生产到消费各个环节对碳资源的依赖，并把低碳文化意识逐步引导为全社会的主流意识，从而更有效地促进低碳经济制度的设计与实施，为低碳经济发展提供强大的法律保障。

三、政府构建低碳经济的宏观管理机制

要发展低碳经济，必须平衡好经济发展与资源环境的关系。而现阶段中国"富煤、少气、缺油"能源禀赋特点和粗放型经济增长模式难以立刻转型，这就导致国家无法通过市场机制来解决资源环境领域存在的诸多问题。现代经济学理论为我们提出了一种解决环境与资源负外部性问题的有效方法，即当市场机制失灵时就必须加强政府的监管与引导。在中国低碳经济处于起步阶段这一关键时期，政府强势介入扮演主导角色，强调国家政策层面的推动，强调建立国家宏观长效调控机制就显得尤为重要。

（一）制定低碳发展规划，引导低碳发展

政府应依据"十二五"规划总体要求积极制定国家中长期低碳经济发展规划，在明确我国低碳经济的发展目标、重点和保障措施的同时将低碳经济的发展纳入我国国民经济发展的"十二五"规划，制定出实际可操作的低碳经济发展统计和考核的指标体系，从而使得国民经济的发展指标得到强制性的约束。国家科技规划和相关科技计划也应该将低碳经济的发展纳入其发展的规划之中，对低碳经济进行重点的资金投入以及政策扶持，使得信息、电力、能源、交通、建筑和金融服务等低碳领域的战略产业能够向着低碳化的方向转型，从而不断引导社会经济生产和社会生活消费向

低碳转型。如欧盟的低碳经济战略是首先明确地制定中长期的具有约束力的减排目标，然后通过立法及制定相应的政策，采取相关税制和排放量交易等经济手段以确保实现低碳目标。

（二）制定市场投资准入机制，推动产业结构调整

政府应控制好市场投入的准入环节，加强其投资主体的示范性、乘数效应，明确其投资的重点领域和行业，对有利于低碳排放的项目要进行重点支持，对高排放的项目则要进行有效控制，以便在新一轮产业结构调整中不仅选拔出适宜低碳环境要求的企业，而且直接淘汰掉能耗高、污染大的企业，打造新的经济增长点。首先，加快发展现代服务业，减少国民经济发展对工业增长的过度依赖；其次，积极扶持低碳产业和绿色产品的发展，促进产业竞争力的提高，降低传统产业的负面效应；再次，进一步减少和弱化高耗能和高排放产品的出口政策效应，努力开发和生产高附加值、低能耗产品，实现整个产业结构的低碳化，促进经济增长由主要依靠第二产业带动向依靠三大产业协同带动转变。

（三）推动现有财税政策向"绿色"财税政策的转变

首先要建立财政预算支持低碳经济发展的长效机制，健全低碳的财政补贴或补助制度。加大对重点节能环保工程的财政补贴，引导经济结构调整和产业升级，对企业从事低碳技术研发投资和建设进行补贴，吸引企业积极发展低碳技术，尤其是风能、太阳能、生物能等可再生能源的开发利用；其次，要鼓励发展低碳相关产业的风险投资基金，鼓励开发碳金融衍生品，对低碳项目实行政策性金融支持，推行绿色金融和企业债券的发行，拓宽低碳产业和项目的融资渠道，为低碳经济发展提供金融支持；再者，要尽快完善现行税制税种，对生产低碳新产品的企业，应视同高新技术企业给予税收优惠；对生产低碳产品的环保节能设备，实行加速折旧、再投资退税和递延纳税等多种所得税优惠方式；加大低碳设备、低碳产品的研发费用的税前扣除比例；最后扩大征税范围，将全部不可再生资源以及必须加

以保护开发和利用的资源，纳入资源税征税范围，同时要改进计征方式，针对不同性质的资源，可采取从量定额征收、从价定率征收或两者相结合的征税办法，适当提高税额，对不可再生、非替代性、稀缺性资源征以重税。

（四）建立健全资源定价机制，强化环境资源保护

长期以来，我们一直未将环境资源视为一种生产要素，造成资源定价不合理，这就不能真实反映资源稀缺程度、供求关系和环境成本，从而成了一些地方热衷发展高能耗、高污染产业的直接动因，这在某种程度上也鼓励了奢侈型、浪费型消费。现代经济学的研究表明，当资源和环境成本大幅增加时，企业就会转向低碳能源。因此，发挥价格在发展低碳经济中的基础作用十分重要。

（五）明晰环境产权，制定环境资源产权制度

明确环境产权界定范围既包括现有的自然资源和准入环境，又包括破坏生态环境和资源所造成的侵权和经济损失。对产权难以界定的自然资源和自然环境，可以通过划分责任范围，通过严格的奖惩规则加以约束。对无法避免的资源消耗和环境污染，可以通过政府与污染者之间进行排污权的产权交易，尽可能减少环境污染和避免无节制地使用自然和环境资源。

（六）建立具有中国特色的碳交易制度

该制度汲取国外交易制度的优点，在对碳汇及碳源两个基础概念的深刻理解之上，结合我国特点在中国建立起全国范围的以碳基金、生态补偿基金为主要内容的碳平衡交易制度。碳平衡交易制度以区域公平为原则，按照比例付出或获取相应的碳基金，用于生态补偿和生态建设。根据中国现有的国情，我国应成立碳平衡交易领导小组，确保碳交易工作的有序运转。

（七）制定符合区域特点的基本政策

中国幅员辽阔，各个地区之间的资源禀赋和产业基础具有较大的差异。因此，我们应该根据地区差异制定不同的低碳经济区域政策，发展对于当

地具有比较优势的低碳产业，加强不同区域之间的低碳分工和合作，对当地低碳产业给予适当的政策支撑。

（八）完善基本的政策目标

低碳能源政策的主要目标包括，转变能源结构，淘汰落后产能，优化产业结构，对产业结构进行战略性的调整和经济发展方式的根本性转变；保障低碳经济领域的公平市场准入，为低碳市场提供财税优惠，培育低碳消费市场，维护低碳市场秩序，引导市场的低碳化转型；促使形成文明消费、适度消费、绿色消费的意识，优化低碳消费结构；促进低碳技术开发，为国民经济低碳化提供技术支撑。通过管理创新，推动低碳经济发展。

（九）强化政策之间的配套

低碳经济是一种全新的经济发展模式，是有识之士在危机之下对我们生活做出的理性调整，也是在越来越复杂的国际竞争环境之下，为了获得新一轮的经济增长所做出的必然选择。低碳经济的发展模式不仅涉及经济发展的各个领域、各个环节，还具有发展的互动性和经济形态的网络性。因而，如何制定低碳经济发展的政策体系成为在这种新经济模式下的内在要求，我们不仅需要在纵向政策方面进行完整的衔接，而且要在横向政策方面做到相互协调、相互促进。

（十）政府带头示范用

政府要转变传统发展观念，树立低碳经济理念。政府在日常事务中，做到节水、节电、节能，始终做到率先垂范，厉行节约，反对浪费。在政府采购中，优先采购经过生态设计或通过环境标志认证的产品，优先采购经过清洁生产审计或通过低碳认证的企业产品，采购有低碳标志的办公用品，引导公众低碳消费，通过需求拉动低碳经济的发展。

四、瓶颈突破：构建低碳科技创新体系的制度安排

发展低碳经济的核心在于能源技术和减排技术的创新，有效控制碳排放，促进全球生态平衡。因此，通过技术创新来改变能源资源和环境资源的制约就成为发展低碳经济的关键因素之一。经过 30 多年的快速发展，中国的科学技术取得了显著的进步，已经成为仅次于美国的世界研发投入第二大国。但是这种伴随着中国现行经济高速增长的科技支撑体系却偏偏指向了稀缺性和污染性领域，低碳经济所涉及的核心技术缺乏，研发能力有限，这直接导致中国经济依然运行在"高碳模式"。我国低碳领域的总体技术水平至少跟发达国家的水平相差 20 年~30 年，先进技术、先进装备都是向国外购买的。

我国现有低碳技术仍以中低端为主，核心技术缺乏。以风力发电技术为例，它虽然是中国发展最快的新能源行业，该行业相关产品国产化率达到 70%，但是一些核心零部件，如轴承、变流器、控制系统、齿轮箱等的生产技术难关却迟迟未能攻克。可再生能源发电并网一直是一大技术难题，重要原因是中国没有构建智能电网，没有先进的电网调控和调度技术。太阳能无晶硅的薄膜技术进步很大，但这些特殊技术我们自己掌握得还不够。虽然我国近几年已大力采取节能减排措施，但减排技术投入仍存在诸多问题：污染物减排技术缺少原始创新和前沿技术研究，污染物减排技术着眼点多侧重于末端治理研究，污染物减排技术与废物资源化未能很好地结合，环保产业技术水平落后，尚未形成规模，缺少污染物减排技术评估体系。纵观全球，世界各国都基于自身优势强化低碳技术领域的开发与研究。如欧盟发展低碳经济的一个最显著特点就是理念创新和技术创新，近几年欧盟通过专门制定《欧洲战略能源技术计划》，加大低碳技术创新的人力和物力投入，成立了欧洲能源科学研究联盟，进行跨学科、跨领域低碳技术创新。在日本，政府在低碳技术创新制度安排方面提出了"日本的创新计划"从

电力能源、交通运输、产业、民用等领域开展全方位的技术创新研究，努力占领低碳技术的制高点。而美国等则高度重视清洁煤技术和低碳发电技术。

面对世界日新月异的低碳技术发展态势，我们必须采取强有力的措施：一是发挥政府的主导作用，政府应牵头制订科技创新规划，尤其应将涉及低碳经济的科技创新战略纳入到整体经济发展战略。通过积极的财税扶持政策，将技术创新的重点引向节能技术、无碳和低碳技术、替代能源、可再生能源技术和二氧化碳捕捉与埋存技术。二是发挥企业在发展低碳产业中的主体作用，要从各方面保障科技研发投入，鼓励企业加大科技投入，掌握自主知识产权，研发和转化低碳技术。出台鼓励企业进行低碳创新、节能减排、可再生能源使用的政策法规，采取考虑减免税收、财政补贴、政府采购、绿色信贷等措施，大力发展碳金融，引领企业开发先进的低碳技术，研究和实施低碳生产模式。对新能源、生态基础设施等低碳经济产业实行政策倾斜。加快制定和修改有利于减缓温室气体排放、能源清洁发展、低碳能源开发和利用的鼓励政策和相关法规，建立有助于实现能源结构调整和可持续发展的价格体系，推动可再生能源发展机制建设。建立为低碳经济发展服务的科技创新体系，加大对重大节能技术开发和产业化的支持力度，鼓励开发先进节能技术和高效节能设备，并引入竞争机制，实行市场化运作。同时要建立健全低碳经济科技创新激励和保障机制，这包括创新人才激励机制、创新资金筹措机制、低碳技术专利保护制度、创新风险投资体系等，为低碳经济创新提供足够的人才和资金保障。三是围绕低碳产业，支持建设关键共性技术创新服务平台，科技成果推广应用转化平台。通过整合相对分散的科技及产业资源，以国家或省级重点实验室和工程技术研究中心为依托，构建与循环经济、低碳经济和"节能减排"相关的技术创新联盟，并在各级财政列出专项资金进行支持，构建区域性循环经济、低碳经济和节能减排技术创新和产业化技术平台。四是要对发展循环经济与低碳经济的链接技术、共性技术、关键技术进行科研攻关，对碳捕捉和碳封存技术、能源利用技术、能源替代技术、减量化技术、再利用技术、资源化技术、生物技术、新材料技术、绿色消费技术、生态修复技术等进行自主创新。从当前中国国内外低碳技术现状来看，短期内，中国应该大力发展节能与能效提高技术，如煤炭、石油和天然气的清洁、高效开发和利用技术，可再生能源和新能源技术；从中长期看，中国的主要技术研究领域应当包括：主要行业二氧化碳和甲烷等温室气体的排放控制与处置利用技术，生物与工程固碳技术，先进煤电、核电等重大能源装备制造技术，二氧化碳捕集、利用与封存技术。不仅要大力发展先进低碳技术，更要注重科技创新和低碳技术在其他行业中的应用，形成若干专利技术，形成行业、国家乃至国际标准。五是寻求国际和区域低碳技术合作，要充分利用《京都议定书》的国际履行协议，通过发达国家在中国组建的 CDM 项目引进先进的低碳能源技术和碳减排技术，利用 CEPA 和 ECFA 框架合作协议，建立内地与港澳台地区间的低碳技术合作与共享制度。另外在引进、吸收、消化的基础上还需注重技术的再创新，逐步建立起拥有自主产权的低碳经济技术体系，为发展中国的低碳经济提供有力的技术支撑。

第五章　生态文明建设与循环经济

改革开放 40 多年，我国取得了瞩目成绩，但粗放型的经济增长模式在促进经济发展的同时，也带来了严重的资源消耗与环境压力。在此背景下，国家将发展循环经济提到了重要的战略高度。发展循环经济是实施可持续发展战略、达到经济社会和资源环境协调发展的重要途径，发展循环经济对我国经济的可持续发展和生态文明建设具有重要的意义。

第一节　循环经济

循环经济是以物质闭环流动为特征的生态经济。与传统的"资源—产品—污染排放"单向流动的线性经济不同，循环经济要求运用生态学规律把经济系统组织成一个"资源—产品—再生资源"的反馈式流程，使物质和能量在整个经济活动中得到合理和持久的利用，最大限度地提高资源环境的配置效率，实现社会经济的生态化转向。

一、循环经济的内涵

循环经济作为经济理论源于 20 世纪 60 年代以后人类对环境污染、生态恶化、资源耗竭等问题的反思。1962 年，美国经济学家鲍尔丁首次从经济学角度提出循环经济一词，"循环经济"是鲍尔丁在其"宇宙飞船经济"理论的基础上提出的，其主要观点是：通过资源循环利用，使社会生产投入自然资源最少、向环境中排放的废弃物最少、对环境的危害或破坏最小的经济发展模式。即在人、自然资源和科学技术的大系统内，在资源投入、企业生产、产品消费及其废弃的全过程中，把传统依赖资源消耗的线性增长的经济，转变为依靠生态型资源循环的经济。

循环经济是区别于传统经济的一种新的经济形态。所谓循环经济，就是按照自然生态物质循环方式运行的经济模式，它要求遵循生态学规律，合理利用自然资源和环境容量，在物质不断循环利用的基础上发展经济。循环经济在本质上是一种生态经济，倡导的是一种与资源、环境和谐共处的经济发展模式。

首先，循环经济是一种与环境和谐的经济发展模式，它要求把经济活动组织成一个"资源—产品—再生资源"的反馈式流程，其特征是低开采、高利用、低排放。所有的物质和能源要能在这个不断进行的经济循环中得到合理和持久的利用，以把经济活动对自然环境的影响降低到尽可能小的程度。让生产和消费过程基本上不产生或者只产生很少的废弃物，从根本上化解环境与发展之间的尖锐冲突，是社会生产方式和生活方式的革命。

其次，循环经济的原则是"减量化、再利用、资源化"。减量化原则旨在减少进入生产和消费过程中物质和能源流量；再利用原则目的是延长产品和服务的时间长度；资源化原则指把废弃物再次变成资源以减少最终处理量。循环经济的核心在于"主动"地减少废弃物，以期达到把废弃物排放限于环境自净能力的阈值之内，实现资源节约和环境改善的目的。

最后，循环经济通过将环境与经济行为科学地构建成一个严密和封闭的循环体系，使资源与产品之间不再是原来那种近似的母子关系，而是一种平等的相互派生、相互依存、相互支撑的关系。循环经济提倡将生产过程的污染物当作产品原料合理再利用。循环经济的发展是基于市场经济和市场运作，在法规和标准的严格规范下推进，而"废弃物回收利用"在我国产生并盛行于计划经济时代，同时也可在市场经济下运作。

二、循环经济的基本原则及特征

（一）循环经济的基本原则

循环经济要求将"3R"原则作为经济活动的行为准则。所谓"3R"原则即"减量化原则（reduce）"、"再利用原则（reuse）"和"再循环原则（recycle）"这三种原则的简称。我国循环经济促进法所称的减量化，是指在生产、流通和消费等过程中减少资源消耗和废物产生。按照循环经济促进法的规定，减量化的主要内容包括：（1）禁止生产、进口、销售、使用淘汰的设备、材料、产品或者技术、工艺；（2）包装设计的减量化要求；（3）工业企业用油的减量化要求；（4）开采矿产资源的减量化要求；（5）建筑设计、建设、施工的减量化要求。"减量化"是循环经济的第一法则。它要求以尽可能少的原料和能源投入来达到既定的生产目的或消费目的，从经济活动的源头就开始注意节约资源和减少污染，也被称为减物质化。换句话说，减量化原则要求经济增长具有持续性及与环境的相容性。人们必须在生产源头就充分考虑资源的替代与节省，提高资源的综合利用率，预防废弃物的产生，而不是将重点放在生产过程的末端治理上。减量化原则在生产过程中表现为产品生产的小型化和轻型化、产品包装的简单适用而不是豪华浪费。如制造轻型汽车替代重型汽车，采用可再生资源替代石油、煤炭等作为燃料等等。在满足消费者需求的同时，又可以节省资源、能源，减少甚至消除汽车尾气排放量，降低尾气的治理费用，控制或缓解"温室效应"。减量化原则在消费中主要体现为适度消费、层次消费而不是过度消费，如改革产品的过度包装、淘汰一次性物品不仅可以减少对资源的浪费，同时也达到了减少废物产生和排放的目的。

我国循环经济促进法所称的再利用，是指将废物直接作为产品或经修复、翻新、再制造后继续作为产品使用，或者将废物的全部或部分作为其他产品的部件予以使用；资源化，是指将废物直接作为原料进行利用或者对废物进行再生利用。按照循环经济促进法的规定，再利用和资源化的主要内容包括：①各类产业园区再利用和资源化的要求；②企业余热、余压的综合利用要求；③废物的回收与利用；④对再利用、再制造和翻新产品的要求。

"再利用"原则要求产品和包装物能够以初始形式被多次和反复使用，而不是一次性消费，从而避免产品过早地成为垃圾。同时，要求系列产品和相关产品零部件及包装物兼容配套，当产品更新换代时，零部件及包装物并不淘汰，可用于新一代产品及相关产品。如某些电脑制造商按照模块化方式正在把他们的电脑零部件设计成易于拆卸和再使用的模块，以积木方式组合其产品。再利用原则还要求制造商和消费者应尽量延长产品的使用期，而不是频繁地更新换代。

"再循环"原则要求生产出来的产品在完成其使用功能后重新变成可以利用的资源，而不是不可恢复的垃圾。按照循环经济的思想，生产者的责任应包括产品废弃后的回收和处理，因此，产品生产出来、销售出去对生产者来说仅仅是完成了一半的使命。再循环有两种情况：原级再循环和次级再循环。原级再循环即废弃物被用来生产同种类型的新产品，例如用废纸再生纸张、易拉罐再生易拉罐等；次级再循环即将废弃物转化为其他产品的原料。原级再循环在减少原材料消耗上面达到的效率比次级再循环要高得多，是循环经济追求的理想境界。

从循环经济三个原则被人类利用的顺序上看，"减量化原则"出现的时间最晚。而从循环经济三个原则的作用来看，以预防为主的"减量化原则"则是最重要的法则。这是因为循环经济的根本目标是为了在经济流程中系统地避免和减少废物，而废物的再生利用只是减少废物最终处理量的方式之一，废物的再生利用在本质上仍是末端治理而不是源头预防，它虽然可以减少废弃物的最终处理量，但是不一定能够减少经济过程中的物质流动速度及物质使用规模。

（二）循环经济的主要特征

1. 物质循环流动性

循环经济的物质流动方式是"资源—产品—再生资源"。物质循环流动是循环经济的主要特征，也是循环经济与传统线性经济的主要区别。作为生态型经济，循环经济模式按照自然生态系统中循环流动方式来组织生产，一切物质、能源可以在不断进行的经济活动中得到梯次利用，整个经济系统不产生或产生较少的废弃物，生产和消费过程对环境的影响小，从而有利于实现经济与环境的协调发展。

2. 污染全过程预防性

传统经济追求高增长、高消费，对废弃物的处理方式只是简单地填埋和焚烧。这种生产和消费污染物的末端治理方式不仅使废弃物处理费用不断提高，填埋场地日益难以寻找，而且消极被动的"末端治理"也无法彻底消除污染物，只不过是从一种污染形式转化为另一种污染形式而已。20世纪90年代，可持续发展成为全人类的共识，认为资源的浪费是污染的主要根源，因此，应当在生产源头、生产过程和产品消费后的不同阶段进行全过程预防以减少废弃物的产生和污染，对不可避免产生的废弃物则尽可能地循环利用。

3. 废弃物梯次减少性

循环经济按照生态规律利用自然资源和环境容量，尽可能减少经济活动中产生的废弃物，最大限度地降低对环境的影响。循环经济模式解决废弃物的顺序是：避免废弃物产生—废弃物回收利用—废弃物处置。避免废弃物产生就是在生产和消费活动中不制造或尽可能少制造废弃物，从经济活动源头就开始减少废弃物的污染。废弃物的回收即对使用过的旧货、废弃的包装等加以回收，为废弃物的资源化和无害化做准备。而再利用则是将废弃物分解、拆卸后对其尚存使用价值的部分进行循环利用。废弃物的处置，就是对经济活动源头不能避免、在其他生产过程中又无法再利用的废弃物进行无害化处理。

4. 形式多样性

循环经济的实现途径呈现多元化态势，它通过不同的形式实现。从目前来看，有企业内部的小循环、企业之间的中循环、全社会的大循环三种基本形式。多种循环经济模式构建成循环经济发展的网络，在全社会范围内预防废弃物的产生并最大限度地实现废弃物的资源化。

5. 综合利益一致性

循环经济模式把经济发展建立在自然生态规律基础上，促使大量生产、大量消费和大量废弃的传统工业体系转轨为物质的合理使用和不断循环利用的经济体系。在获取等量物质、能量效用的过程中，实现向自然界索取的资源最小化，向社会提供的效用最大化，向环境排放的废弃物趋零化，使生态效益、经济效益和社会效益达到协调统一。

6. 技术的先导性和决定性

第一，技术革命决定了循环经济模式的产生。技术革命使人类征服自然、改造自然的能力不断增强，导致人类与自然界的关系愈发紧张，传统的经济发展模式不得不被循环经济发展模式所代替。因此，技术革命是循环经济模式产生的根本因素。第二，循环经济的发展以技术的发展为先决条件。循环经济的发展离不开技术进步，循环经济要求依靠技术进步，积极采用无害或低害的新工艺、新技术，大力降低原材料和能源的消耗，实现少投入、多产出、低污染，尽可能把环境污染物的排放消除在生产和消费过程之中。第三，技术也将最终决定循环经济模式的终结。随着技术的发展，制约人类社会经济发展的资源危机、环境危机等必将得到彻底地解决，以信息和可再生资源为基础的新型经济形态终将代替传统工业社会。而循环经济也将随着这些外部条件的改变，而逐步退出历史舞台。

三、发展循环经济应遵循的方针和原则

（一）发展循环经济应遵循的方针

循环经济促进法规定，发展循环经济是国家经济社会发展的一项重大战略，应当遵循统筹规划、合理布局，因地制宜、注重实效，政府推动、市场引导，企业实施、公众参与的方针。

（二）发展循环经济应遵循的原则

发达国家发展循环经济一般侧重于废物再生利用，而我国现在处于工业化高速发展阶段，能耗物耗过高，资源浪费严重，在生产、流通和消费等过程中减少资源消耗和废物产生的潜力很大，所以要特别重视促进资源的高效利用和节约使用。因此，循环经济促进法规定，发展循环经济应当在技术可行、经济合理和有利于节约资源、保护环境的前提下，按照减量化优先的原则实施。循环经济促进法在具体规定中体现了这一原则，如对耗能、耗水总量大的重点企业实行重点监督管理以及专门设定一章对如何实施减量化做出具体规范等。

四、循环经济与生态文明建设

生态文明建设与循环经济发展密不可分，党的十七大报告指出："建设生态文明，基本形成节约能源资源和保护生态环境的产业结构、增长方式、消费模式。循环经济形成较大规模，可再生能源比重显著上升。"

（一）发展循环经济与生态文明建设是内在统一的

首先，二者提出的背景是相似的。工业文明在给人类创造了巨大的物质财富的同时，也给人类带来了远远超过一切时代总和的生态灾难。20 世纪以来，大规模的工业生产对全球资源的掠夺性开发，造成了大量不可再生资源的短缺和枯竭，全球性的生态危机使人类面临着前所未有的挑战。改革开放以来，我国所走的工业化道路与西方国家曾走过的高投入、高消耗、高污染道路是一致的，这种粗放型的经济增长方式使我国付出了相当大的资源环境代价。进入 21 世纪，随着我国工业化不断推进、城市化步伐加快，资源需求持续增加，资源供需矛盾和环境压力进一步扩大。循环经济与生态文明理念都是基于这一背景提出的，二者都致力于缓解和消除经济快速发展阶段所带来的资源环境与发展之间的尖锐冲突，区别在于生态文明是在较宏观的层次上提出的总体解决方案，而循环经济则专注于具体的经济发展模式问题。其次，二者的内涵具有一致性。生态文明理念的提出源于人们对自然生态规律认识的深化。倡导征服自然的工业文明造成的资源枯竭、环境污染、土地沙化、物种灭绝、温室效应等一系列灾难使人们深刻认识到：作为整个生态系统的一员，人与自然不是征服与被征服的关系，采取掠夺的方式开发自然资源，虽然能获得短期利益，但必然要付出高昂的环境成本，正如恩格斯所说："不要过分陶醉于我们对自然界的胜利。对于每一次这样的胜利,自然界都报复了我们。"生态文明的本质在于文明与自然生态相结合,人类应该在尊重自然的基础上能动地改造自然。在价值观念上,生态文明强调人类要尊重自然,保护自然,给自然以人文关怀;在实现途径上,生态文明反对工业条件下追求无限增长的"资源—产品—废弃物"的线性发展模式,提倡"资源—产品—再生资源"的循环型发展模式,而这正是循环经济的内涵所在。循环经济就是在效仿大自然食物链的基础上发展而来的,本质上是一种将生态学与经济学结合起来指导人类社会经济活动的生态经济。

(二)发展循环经济是生态文明建设的着力点

建设生态文明,不是一般意义上的节约资源、保护环境、维护生态安全,而是把节约资源、保护环境、维护生态安全本身视为发展的基本要求,更好更快地发展;不是如一些极端环保分子所提倡的放弃工业化、市场化,而是对传统工业文明的扬弃和超越,使工业化、生态化相互融合。建设生态文明,关键在于缓解或消除经济发展与资源环境之间的矛盾,实现人与自然的和谐共生、良性循环、持续繁荣。

自20世纪末,可持续发展成为我国一项基本战略,为解决经济社会发展与资源环境之间的矛盾,国家采取了多种措施,但我国资源环境仍然处于局部缓和、整体恶化的状况。导致这一状况很大程度上在于:治理资源环境的措施与生产经营活动相分离,与企业的经济效益相分离。在社会主义市场经济条件下,企业以追求利润最大化为目的,当资源节约和环境保护不能与企业利润挂钩时,单纯的行政命令不足以成为企业自觉节约资源、保护环境的动力。循环经济不仅仅是一种治理污染的方法,而且是一种运用市场经济手段,在政府的积极引导下,借助利益机制实现资源、环境和经济相协调的经济发展模式。循环经济是"在深刻认识资源消耗与环境污染之间关系的基础上,以提高资源和环境效率为目标,以资源节约和物质循环利用为手段,以市场机制为推动力,在满足社会发展需要和经济可行的前提下,实现资源利用效率最大化、废弃物排放和环境污染最小化的一种经济发展模式"。在循环经济框架下，节约资源、治理污染已经不再是与利润无关的、生产活动之外的行为，而是有收益的市场行为贯彻在经济活动中，经济增长与环境保护不再对立，二者被纳入一个统一体中，以期同时实现资源节约、污染治理和经济发展的三重目标。循环经济被认为是从根本上解决我国当前资源紧缺、环境破坏与经济发展的矛盾的重要途径，是实施我国可持续发展战略的必然选择，是我国生态文明建设的着力点。

（三）建设生态文明是发展循环经济的落脚点

党的十七大首次将"生态文明"写入中国共产党的政治报告，我国社会主义文明建设的总体目标由物质文明、精神文明、政治文明"三位一体"发展为物质文明、精神文明、政治文明、生态文明"四位一体"，生态文明成为中国特色社会主义现代化建设事业总体布局的重要组成部分。生态文明作为一种高级的人类文明形态，是理想的境界，也是现实的目标，它要求我们从文明的高度来统筹人与自然的关系。发展循环经济，根本是要加快经济发展方式的转变，尽可能地提高资源利用效率，最大限度地减少最终处置废弃物的数量，把经济活动对自然环境的影响降低到尽可能低的程度，实现人与自然的和谐共处，促进生态文明建设。从循环经济的理论和实践的角度去推进生态文明建设，需要从以下几个方面努力：

首先，要坚持技术创新。循环经济作为一种新的经济发展理念和模式，它首先必须在技术上具有可行性，才能在经济上具有赢利性。资源循环利益的经济效益往往取决于技术水平的高低，科学技术对循环经济的发展至关重。一方面，要重视绿色节能技术的研制与应用，在企业层面大力推行清洁生产和绿色生产；另一方面，要大力引进国际现有的先进技术，加强国际交流与合作。

其次，建立健全循环经济制度体系。完善的制度体系是循环经济稳定运行的重要保障。应建立和完善相应的制度体系，如财政补贴制度、税收优惠制度、各项考核制度等，使循环经济的比较经济效益明显体现出来，并且使循环经济模式有稳定的长效机制支撑。

最后，要提高发展循环经济的意识。循环经济在我国全面推行只有短短几年时间，人们发展循环经济的意识还不是很强。要开展广泛的教育和宣传活动，提高全社会特别是各级领导干部对发展循环经济的必要性和紧迫性的认识，引导人们形成正确的消费观，使减少一次性产品的使用、垃圾分类回收等逐步成为每个公民的自觉行为，使全社会都参与到循环经济中来。十一届全国人大第四次会议通过的《中华人民共和国国民经济和社会发展第十二个五年规划纲要》从推行循环型生产方式、健全资源循环利用回收体系、推广绿色消费模式、强化政策和技术支撑四个方面提出了未来五年我国循环经济发展规划。

发展循环经济是生态文明建设的重要载体，建设生态文明是发展循环经济的目标取向。生态文明的建设过程，也是循环经济的发展过程，是循环经济由"企业小循环""区域中循环"发展到"社会大循环"的递进过程。我们要以生态文明理念为指导，以发展循环经济为生态文明建设的重要着力点，建设以高效率、低排放、循环利用为特征的产业体系和消费模式，推动整个社会走上生产发展、生活富裕、生态良好的文明发展道路。

第二节　循环经济的国内实践

我国已形成了独具特色的循环经济发展模式，即小循环、中循环、大循环、废物处置和再生产业。小循环——在企业层面，根据生态效率理念，通过产品生态设计、清洁生产等措施减少产品和服务中物料和能源的使用量，实现污染物排放的最小化。中循环——在区域层面，按照工业生态学原理，通过企业间的物质集成、能量集成和信息集成，在企业间形成共生关系，建立工业生态园区。大循环——在社会层面，重点进行循环型城市和省区的建立。我国各地根据自己的实际因地制宜发展循环经济，在遵循循环经济基本原则的前提下，创造了各具特色的发展模式。

一、我国循环经济的发展进程

我国循环经济的发展进程大致可以分为以下几个阶段。

（一）第一阶段——20 世纪 80 年代

20 世纪 80 年代，我国的经济处于短缺时代，生产方式落后，资源不足，无论是企业生产还是居民生活，都广泛存在着废弃物的再生利用和再使用问题。在 20 世纪 70、80 年代国家还没有设立环境保护部，但在城市政府机构中有一个"三废"利用办公室。在原国家物资部下有一个体系，可以称为资源的综合回收利用体系，主要从事废旧物资的回收和再生利用。这是一个低水平的循环，主要是作为资源供给不足的补充。这一时期为低水平的循环阶段。

（二）第二阶段——20 世纪 90 年代

20 世纪 90 年代以后，随着我国经济增长速度的加快，污染压力日益增大，为了处理日益增加的废弃物，国家在加大治理力度的同时，开始强调清洁生产和废弃物再生利用，不仅仅是从资源的综合利用角度发展循环经济，还从环境保护角度对废弃物进行综合利用，即使不能综合利用也要安全处置，这种做法叫作末端治理，发达国家走的都是这条道路。但实践证明末端治理成本极大、效果较差。我国在20世纪90年代处于末端治理阶段。

（三）第三阶段——从2000年到2004年

从2000年到2004年，国家环境保护总局出于环境管理的目的开始推广循环经济发展模式，希望通过循环经济从源头减少废弃物的产生和排放。生产过程中可以产生污水，但要把污水收集起来，经过处理后再生利用，不要把超标的污水直接往河里排放。从2000年到2004年是我国推广循环经济发展模式阶段。

（四）第四阶段———2004年以后

2004年9月国家把循环经济纳入发展和改革委员会管理，其下面有一个资源节约与环境保护司具体实施循环经济管理。这样就从资源开采、运输、生产利用及废旧资源回收全面集成管理，通过发改委推进价格改革，推进排污税改革，提高循环利用资源和废弃物的比较效益。2004年以后我国循环经济就进入一个大发展的阶段，"十一五"规划中专门有一章是讲循环经济的，循环经济从此上升到国家的战略层次。

二、我国发展循环经济的典型模式

（一）长流程钢铁循环经济园区模式

过去我国炼焦、炼铁、炼钢、轧钢各类企业都是分立的。钢厂、铁厂、焦化厂、轧钢厂可能距离数十数百千米。现在通过长流程钢铁循环经济产业园的方式，把所有这些企业集中布局在一个工业园区，组成一个大型循环经济联合体，与城市污水对接，形成一个完整的长流程钢铁循环经济体系。

（二）高效矿山开采的复合循环经济模式

在煤炭行业的企业层次，我国形成了以山东新汶矿业集团为代表的，以技术创新为灵魂，集煤炭开采、废弃物综合利用、低质煤和煤矸石发电、矿渣煤灰制建材、设备再制造、余热地热利用、残煤资源地下气化回收利用、生态恢复建设为一体的生态学型矿山高效开采与资源能源跨行业综合利用循环经济联合体模式。

（三）水泥协同处理城市废弃物的循环经济模式

通过技术创新，把城市里大量的危险废弃物如医疗垃圾、化学危险废弃物等放到水泥窑里燃烧，既利用了热量，烧出来的渣子又成为水泥的有效成分。如以北京水泥厂为代表的利用水泥炉窑协同处理城市污水处理厂中的污泥、医疗垃圾等危险废弃物、粉煤灰等工业固体废弃物余热梯级利用、水资源循环利用等为一体的循环经济模式。

（四）原料多极利用的化工联产无废化循环经济模式

在化工行业的企业层次，形成了以山东海化、鲁北化工等为代表的集原材料多级循环利用、副产品纵向延伸和横向拓展开发循环利用、余热梯级利用、固废和污水零排放等为一体的跨化工、电力、建材等行业的循环经济联合体模式。

（五）农业主导的工业和农业复合循环经济模式

在我国农村，形成了以广西北海市东园家酒生态农业园为代表的节水型工农业复合集成循环经济模式。这种模式实施基于"五化（规模化、设施化、品牌化、生态化、循环化）农业"，将种植业、饲料工业、食品工业、养殖业、农产品加工产业、沼气等生物能产业、高效有机肥产业、林业、林产品加工业、太阳能利用、节水技术、农业废弃物再生利用等产业和技术进行高效集成，具有经济效益高、环境保护好、生态效果突出的特点。

（六）工业主导的工农复合型循环经济模式

山东泉林纸业通过引进技术与自主创新相结合，开发了以草浆原色制浆新技术为核心的循环经济技术体系，并与发电厂耦合进行水资源循环利用、碱回收循环利用、黑液污泥回收制有机肥、原色纸开发、包装物回收利用等为一体的低污染草浆清洁造纸循环经济模式。这一模式既利用了农业秸秆等废弃物，保护了环境，又替代了木浆造纸，节省了森林资源，增加了碳汇，还利用造纸污泥生产大量有机肥料，是一种间接的低碳造纸循环经济模式。

（七）火力发电厂热电联供、建材与水循环模式

代表性最强的是天津北疆电厂。该企业采用超临界发电技术，进行热电联供，海水淡化并循环利用，海水淡化后苦卤海水用于制盐，粉煤灰用于制建材，形成了无废化循环经济体系。

三、辽宁省循环经济实践

作为重化工业基地，辽宁城市化率高，资源消耗量大，产废量也大，每年各类危险废物产生量超过 100 万吨。要突破资源瓶颈，消除环境安全隐患，开发再生资源这座"城市矿山"成为必然选择。在循环经济实践中辽宁的主要做法如下：

（一）创立"1335"发展模式

辽宁省高度重视再生资源产业园区建设，创立了"1335"模式，即发展一个主导产业，遵循三个基本原则，具备"三有"要件，实现"五化"目标。

一个主导产业：根据地域和资源条件，建设好再生资源产业园区及危险废物处置和综合利用重点项目以及一般固体废物综合利用项目，扶持壮大资源再生产业，推进"城市矿山"开发。

三个基本原则：一是"三R"原则，即减量化、再利用、资源化原则。二是三个循环层面原则，即推动园区企业内部、园区企业与企业之间、园区与全社会生产消费领域的梯级循环，小循环着力实现零排放，中循环力求园区企业形成产业链接关系，大循环努力实现全社会生产生活系统的资源节约型、环境友好型奋斗目标。三是三方合作共赢原则，建立起社会、市场、政府三方协作共赢机制。三有要件：一是要有园区规划，二是规划要有环评，三是园区要有专门固废管理队伍。五化目标：一是园区化，危险废物处理、处置、经营企业必须进入园区。二是规范化，做到规划及规划环评先行。三是产业化，形成研发、化验检测、规模化生产一条龙的高水平产业园区。四是生态化，注重生态保护，坚持占补平衡。五是高技术化，园区建设、管理和企业处置技术装备达到一流水平。

到 2010 年底，辽宁全省已有调兵山市再生资源产业园区等 8 个园区建成并投入运行，投产企业 52 家，其中有 6 个园区还专门建立了固废管理队伍。一个以环保部门为主导的再生资源产业发展格局初步形成。

（二）推进再生资源产业园区建设

根据辽宁省环保厅"上大、压小、提标、进园"的总体部署和"1335"发展模式，辽宁全省各地结合实际，大力推进再生资源产业园区建设。

调兵山市再生资源产业园形成了废润滑油处理为主导、其他固体废物综合利用项目为辅助的产业格局。从园区建设到运行管理，这个园区都具特色。一是成立了隶属于市环保局的编制为 10 人的管理机构，办公地点就设在园区内。二是行政规范、就地处置，当地产生的废旧机油、润滑油就地处置。三是赋予环保部门独有的权限，只有环保部门可以不经市纠风办的批准行使对园区的检查权。

盘锦是石油重镇，固废和危废的年产生量达 110 多万吨。为化解环境安全隐患，变废为宝，盘锦市环保局与盘山县政府协调，划定 1300 亩土地建设再生园区，由市环保局负责招商。盘锦市环保局规定，在园区设置环境监察机构，对企业生产进行全过程监督；处置技术必须是国内外先进技术或专利技术，投资低于5000万元的不得进入；能循环利用的资源，全部在园区内循环再利用。经过两年多的发展，盘锦再生园已初具规模。先后有15家企业落户园区，共投资15亿元，处理的一般废物可达6万吨，危险废物约10万吨。

丹东东港市着力打造东北地区乃至国家重要的再生资源产业基地—辽宁（东港）再生资源产业园。园区被环境保护部批准为国家级进口废物"圈区管理"园区，被辽宁省政府推荐为国家级"城市矿产"示范基地。按照"圈区管理"的要求，园区实行统一规划、分期建设、封闭管理。

（三）编制专项建设规划

辽宁省率先制定了《"十二五"再生资源产业园及危险废物重点处置项目建设规划》，并通过了专家论证。根据《规划》，辽宁省计划建设各类园区20个，分布于13个城市，总投资500亿元，重点推进电子废物、废矿物油、废酸、废有机溶剂、废蓄电池和危险废物暂存库等近70个重点项目建设。依据《规划》，危险废物处置企业原则上都要进入规划建设的再生资源产业园，对分散的危险废物处置利用企业逐步拆小并大，走规模化、产业化的道路，集中处理，处置设施必须上规模、上档次。

到2015年底，规划的20个园区全部建成后，预计产出再生润滑油43万吨、再生铅17万吨、再生钢铁640万吨、再生铜66万吨、再生铝32万吨，实现产值2000多亿元，利税超200亿元。以调兵山市再生资源产业园区和营口废钢再生资源产业园为例，两个园区达产后可年产30万吨润滑油产品。与传统工业生产相比，可节约原油900万吨、铁矿石5000万吨，节省土地2000多亩。同时，盘锦的再生资源产业园区每年也将实现产值30亿元。东港产业园全部建成后年拆解能力将达到300万吨，生产废铜50万吨、废铝12万吨、废塑料8万吨、废钢及其他废物230万吨。

四、天津市循环经济实践

天津是一个人口众多、自然资源相对缺乏、环境容量有限的特大型城市，为摆脱资源环境约束，从 1990 年代初期开始引入循环经济理念，成为国内较早倡导发展循环经济的地区之一。经过多年努力，尤其在经济技术开发区等成为全国的循环经济试点后，天津市在解决资源消耗与经济发展的协调问题上找到了出路。

"九五"以来，天津市经济一直以年均 11% 增长率以上的速度快速增长，但能源、水资源消耗量并未同步增加。同期水资源消耗还出现负增长，能源消费的弹性系数出现负值，主要污染物排放总量也呈现削减趋势。天津市在实践过程中，循环经济已不仅局限在试点内，而是在全市的很多层面展开，初步建立循环经济体系。

（一）天津循环经济主要任务

天津市是列入国家第二批循环经济示范试点的城市。按照循环经济示范试点城市建设目标，天津市循环经济建设围绕 5 项主要任务展开：

一是以资源节约为重点，建立资源节约型先导城市。把资源节约放在更加突出的战略位置，提高本市资源利用效率。如建立完善的水资源利用体系，保持全国节水领先水平。合理利用地上地下空间，提高土地利用综合效率；二是以工业为核心，构建三次产业互动的循环经济产业发展格局。围绕电子信息、汽车、石油化工、冶金、医药等优势产业的升级，通过政策引导、资金扶持和技术突破，启动一批循环经济示范试点园区和企业建设；三是以泰达、子牙国家级示范试点园区为重点，创立动静结合的循环经济产业体系。如实现以"原料—产品—废物"为特征的动脉产业，与以"废物—再生—产品"为特征的静脉产业的高效对接，使静脉产业上水平、上规模；四是以中新生态城、华明示范镇建设为标志，建设全国一流的生态宜居示范区；五是以制度创新、科技创新为重点，构建循环经济支撑体系。

如积极培养和引进循环经济人才，突破重点领域循环经济发展所需的关键技术，建设资源信息交流和资讯服务平台，建立循环经济人才科技保障体系。

（二）天津市循环经济的五大发展模式

1.泰达模式

以区域水循环系统为基础，围绕现代制造业，建立企业类型多样化、产品连接紧密、资源闭合流动的开放型产业共生网络。创新水资源循环利用模式，将企业小循环、同质水循环、区域水资源大循环进行一体化设计，形成供水——节水——再生水综合利用水循环体系。天津开发区发展循环经济的成功经验被概括为"泰达模式"。

泰达模式1。创新科学发展模式，树立科学发展的循环经济理念。

以实现可持续发展为目标，以提高资源利用率为核心，以科技进步和体制创新为动力，努力降低资源消耗，增加资源转化，构建循环链条，初步形成一条资源利用最优化、环境污染最小化、经济效益最大化的循环经济发展之路。

（1）坚持规划先行。开发区先后制订了生态工业园和建设循环经济规划。到2010年，开发区万元GDP能耗要降低到20%，中水回用率达到40%，固体废物的综合利用率达到90%，危险固体废物实现零排放。

（2）坚持理念先行。对入区项目实行严格的环保一票否决制度，从源头上杜绝高能耗、高物耗、高污染项目进入。同时，在企业中积极推行污染物零排放、清洁生产和绿色制造，大力推动产业集团化、基地化、链条化发展，形成发展循环经济的良好环境。

（3）坚持科技先行。目前，开发区在水循环系统、海水淡化和垃圾焚烧发电等领域，拥有一批推广应用价值较高的先进技术和先进工艺，具备发展循环经济的良好技术基础。

泰达模式2。创新资源共享模式，实施区域基础设施的生态化。

（1）在能源生产和供应方面，实施非电空调、地缘热泵、锅炉脱硫改造等九大基础设施节能环保工程，大量节能节水，燃煤产生废物实现100％的综合利用。

（2）在污水处理和再利用方面，实行大规模污水再生循环利用示范工程等四个国家级示范项目，形成了一套完整的区域水资源处理再生利用模式，中水回用量占废水排放量的26％，建成了全国首个以再生水为唯一补充水源的人工湿地。

（3）在固体废物污染防治方面，垃圾发电和电子废弃物处理也居全国领先水平。

泰达模式3。创新产业结构调整模式，培育循环经济产业链。

（1）以生态产业链、产品链和废物链为主线，初步形成电子信息、生物制药、汽车制造和食品饮料四个循环经济产业链。

（2）将新能源、新材料项目作为未来产业发展重点。东气风电、京瓷太阳能等巨头企业在开发区落户并得到长期发展，加快了区域产业结构调整步伐。

泰达模式4。创新政府引导模式，形成循环经济发展的长效机制。

（1）成立促进环境管理、清洁生产、生态工业园、循环经济领导机构，制订了一整套鼓励节能降耗、生态环保、发展循环经济的政策支撑体系，每年出台重大支持项目目录，给予政府补贴。

（2）开展工业固体废物生态管理标准活动，建立固废资源信息网和环境管理体系、生态工业园等专题网页，搭建循环经济信息交换平台。

（3）积极开展一系列国际合作项目，相继参加中国欧盟环境合作计划工业发展项目，开展了同日本国际环境技术转移中心的合作，并取得良好效果。

2.子牙模式

子牙模式是指天津子牙循环经济产业区通过对废旧物资进行集中拆解和深加工，实现再生资源循环利用，形成"静脉"与"动脉"产业相结合的发展模式。重点发展废旧电子信息产品、报废汽车、橡塑加工、新能源和节能环保产业及废弃机电产品精深加工与再制造5大产业，子牙循环经济产业区是中日循环型城市合作项目，是目前中国北方最大的再生资源专业化园区。子牙循环经济产业区的园区总体规划面积 135 平方公里，已开发建设 50 平方公里，以工业区、林下经济区、科研居住区构成了"三区联动"、循环互补的经济发展格局。21 平方公里的工业区，重点发展废旧机电产品、废旧电子信息产品、报废汽车、废旧橡塑、精深加工再制造、节能环保新能源等六大生态产业。9 平方公里的科研居住区，设有再生资源、循环经济科技研发中心等机构，围绕工业固废的有价延伸和无害化处理开展广泛研究；居住区采用"节能、环保"的设计理念，在公建和住宅上分别配有地源热泵和太阳能供热系统，形成绿色建筑群，规划常住人口约 8 万人。20 平方公里林下经济带和苗木基地栽植，已种植苗木 200 余万株，新建一期标准食用菌大棚 700 亩。

子牙园区在产业发展、资源循环利用、污染控制、园区管理四方面建立了较为合理的循环经济发展模式。完善投融资平台。子牙环保产业园有限公司与天津市城投集团共同组建了天津子牙循环经济产业投资发展有限公司，负责园区基础设施的建设，项目总投资约 200 亿元。探索循环经济发展新型监管模式。园区设立了"无水港"，创造性地对进口固体废物实行园区、海关、检验检疫、环保四位一体的联合监管，在全国范围内率先实现了对本地区进口固体废物的"圈区管理"。实施污染集中治理。子牙园区建有大型公用工程岛，统一建设集污水处理、中水回用、雨水收集、废弃物处理等为一体的综合节能环保系统，并大力发展清洁能源，通过诸多措施实现能源的梯级利用，使园区清洁能源利用率达到 30%，实现水资源循环利用率、固体废弃物无害化处理率、危险废弃物安全处理率、绿色建筑普及率达到 100% 的目标。

3. 临港模式

临港模式即利用天津市港口和滩涂优势，通过围海造陆，开发建设石化港区、仓储物流区与石化产业园区，突出石油化工与盐化工、精细化工相结合的产业特色，实现海洋石油产业上中下游企业间的资源优化配置、产品有机衔接。

2007 年底，国家发展和改革委员会、国家环保总局、科技部、财政部、商务部、国家统计局等六部门将天津临港工业区列为国家第二批循环经济示范试点园区。天津临港工业区是由围海造地而成的港口与工业一体化的新建工业园区，土地开发与其他区域有很大不同，不占用任何宝贵的陆地资源，充分利用浅海滩涂资源，通过吹填造陆的方法建成一座 80k㎡ 的"海上工业新城"，是国家重型装备制造基地。它位于天津市塘沽区海河入海口南侧滩涂浅海区，是滨海新区重要功能区之一，毗邻天津港、天津经济技术开发区和天津港保税区。在环渤海经济圈中，又与秦皇岛港、京唐港等港口相邻，港口经济特点突出。通过合理利用海洋滩涂，提升经济效益和环境效益，将聚集发展重型装备制造、石油和海洋化工、粮油加工、物流等临港产业。

临港工业区利用港口优势，港化联动，依托中石油、中化工、渤化集团等大企业，发展海洋化工与石油化工相结合的特色产业，在国内同类化工区中，率先建成资源集约型、环境友好型、可持续发展的生态与循环经济示范区。

在产业发展方面，重点发展石油化工、海洋化工、精细化工和能量综合利用四条循环经济产业链，延伸 50 多条产品链，改造提升传统化学工业，形成炼油、乙烯、芳烃、聚烯烃、聚酯化纤、橡胶塑料、精细化工、化工新材料等完整的产业体系，上中下游企业间在化工原料、中间体、产品、副产品及废弃物等方面互供共享，实现资源优化配置、产品有机衔接和资源利用与效益的最大化。

在公用工程方面，改变传统的企业自成体系，多头建设水、电、汽、空分、污水处理等高投入、高成本、节能减排缺乏效率的公用工程建设模式，建设一体化公用工程岛，实施国内第一套"水电气气污"多联产循环经济项目，最大限度地实现能量、物料的梯级循环综合利用。与单独分建相比，可直接节省投资 30%，节约用地 40%，降低能耗 30%，削减 60% 的二氧化硫、烟尘和 COD 排放，总体运行成本下降 20%。

在生态环保方面，充分利用盐碱滩涂荒地，不占用 1 亩良田；优先使用淡化海水，不增加 1 吨地表水；加大环保投入，实现废弃物固体资源化、液体减量化、气体无害化，废水零排放。新建项目采用具有国际先进水平的生产工艺、清洁技术、循环装置和环保手段，由末端治理向污染预防和生产全过程控制转变，减排效果明显，实现增产不增污和增产减污。天碱搬迁项目全部用联碱工艺，二氧化硫排放总量由现有 0.49 万吨／年下降到 0.24 万吨／年。IGCC 发电替代常规火电机组，单位发电量煤耗下降 15%以上，水耗下降 50%以上，二氧化硫排放量下降 80%以上，粉煤灰实现综合利用，合成气实现与化工企业联产联供。IGCC 发电与海水淡化装置紧密结合，通过反渗透生产淡化水，浓海水经高效蒸发生产固体精制盐，母液提取钾、溴、镁等化学品，此过程还可产生软化水，直接用于锅炉补充水，实现海水梯级使用，工业废水经污水及中水处理，作为工业冷却循环补充水和锅炉补充水，15%的尾水进入生态湿地系统降解，实现污水"零排放"。

4. 北疆模式

将发电、海水淡化、浓海水制盐、化学品提取、电厂粉煤灰制砖和土地节约整理等项目有效连接，实现能量、物料的梯级循环综合利用的经济发展模式。

天津北疆电厂作为首批国家循环经济试点单位，是国家明确的重点行业中电力行业的 3 家试点单位之一，其规划建设充分体现了循环经济的"3R"原则。项目规划建设 4 台 100 万千瓦燃煤发电超临界机组和 40 万吨／日海水淡化装置，采用"以发电为龙头，发电—海水淡化—浓海水制盐—土地节约整理—废物资源化再利用循环经济项目模式"，包括发电工程、海水淡化、浓海水制盐、土地节约整理和粉煤灰、电石灰综合利用等 5 个子项目。

海水淡化：项目一期工程配套建设 20 万吨／日海水淡化装置。采用目前具有国际先进水平的"效率高、成本低、防腐性能好、适应性强"的低温多效海水淡化技术。利用发电余热进行海水淡化，相较于常规发电机组可提高 10%左右的全厂热效率。一期工程投产后，每年生产淡化水 6570 万吨；二期建成后，淡水产量也将翻番。

浓缩海水制盐：是北疆模式的最大亮点。海水淡化后的浓缩海水引入天津汉沽盐场，可以大大提高制盐效率。一期工程投产后，盐场年产量可提高 50 万吨，相当于现产量的近一倍。

海洋化工：制盐母液进入化工生产程序，生产溴素、氯化钾、氯化镁、硫酸镁等市场紧缺的化工产品。一期投产后，可以年产 15 万吨真空制盐、2600 吨溴素和 3500 吨氯化钾，并富产 3.5 吨氯化镁和 5000 吨硫酸镁。至此，海水被"吃干榨净"，实现零排放。

土地开发：采用浓缩海水制盐，可以节省 22 平方公里的盐田用地，通过对节省的土地进行平整和开发，大大提高土地利用价值，可为滨海新区的新一轮开发、开放提供宝贵的土地资源。废物资源化再利用：这是该项目绿色环保的集中体现。利用发电环节产生的粉煤灰等废弃物用于生产建材，实现全部综合利用。一期工程投产后，每年将为天津市开发建设提供 150 万立方米的建筑材料。同时，与邻近的化工厂产出的电石废渣配置生产新型建材，可以消化该厂每年产出的 16 万吨电石废渣。

5. 华明模式

华明模式即以"宅基地换房"的方式建设示范小城镇，形成集约利用土地、农民生态型集中居住、发展循环型产业的城镇发展模式。如以科学绿化、水土保持、水源储备、多源供水、森林调节为特征的生态环保体系，以工为主、工农结合的循环型产业体系等，为其他小城镇发展提供经验。

五、甘肃省循环经济实践

甘肃省在推动发展循环经济的实践中，通过典型试点示范，探索出了不同领域、不同层次的 5 种模式发展循环经济。

（一）金昌模式

金昌模式为区域发展循环经济的模式。企业内部，形成各工艺流程间物料循环利用；上下游企业之间，形成产品互为原料、物料廊桥输送、内部废弃物外部循环利用的产业链；区域内的硫酸、氯气、电石渣、水泥等副产物及产品得到充分利用。

（二）天水高新农业模式

天水高新农业模式是园区发展循环经济的模式。天水市农业高新技术示范区将示范区及周边的种植业有机结合起来，形成了基于"五化农业"（规模化、设施化、品牌化、生态化、循环化）的高效集成复合型农业产业体系。

（三）白银有色集团公司模式

白银有色集团公司模式是工业企业发展循环经济的模式。白银有色集团公司进行初级生态化改造，构建并整合了采、选、冶、化四大生产系统循环链，实现了资源的多层次转换利用和生态环境改善。

（四）张掖有年模式

张掖有年模式是农副产品加工企业发展循环经济的模式。张掖市有年食品工业有限责任公司形成了优质全粉—精淀粉—废渣—食用酒精—饲料—养殖—处理后废水—养鱼—粪便—有机肥各环节的闭路循环。

（五）定西模式

定西模式是节水型工农业复合循环经济的发展模式。通过"节水型工农业复合循环经济系统关键技术集成及应用示范"项目的实施，定西市探索出了节水型高效种植业、养殖业以及种植、养殖废弃物综合利用和沼气、太阳能、生物有机肥等循环经济关键技术体系的研究与示范的定西模式。

第三节　我国促进循环经济发展的管理制度与措施

一、我国促进循环经济发展的管理制度

（一）编制循环经济发展规划

国务院循环经济发展综合管理部门会同国务院环境保护等有关主管部门编制全国循环经济发展规划；设区的市级以上地方人民政府循环经济发展综合管理部门会同本级人民政府环境保护等有关主管部门编制本行政区域循环经济发展规划。全国循环经济发展规划报国务院批准后公布施行；设区的市级以上地方的循环经济发展规划报本级人民政府批准后公布施行。循环经济发展规划的内容主要包括：规划目标、适用范围、主要内容、重点任务和保障措施以及资源产出率、废物再利用和资源化率等指标。

（二）实行总量控制

县级以上地方人民政府应当依据上级人民政府下达的本行政区域主要污染物排放、建设用地和用水总量控制指标，规划和调整本行政区域的产业结构，促进循环经济发展；新建、改建、扩建建设项目，必须符合本行政区域主要污染物排放、建设用地和用水总量控制指标的要求。

（三）建立和完善循环经济评价指标体系

国务院循环经济发展综合管理部门会同国务院统计、环境保护等有关主管部门建立和完善循环经济评价指标体系。上级人民政府根据规定的循环经济主要评价指标，对下级人民政府发展循环经济的状况定期进行考核，并将主要评价指标完成情况作为对地方人民政府及其负责人考核评价的内容。

（四）确立生产者责任延伸制度

包括：①生产列入强制回收名录的产品或者包装物的企业，必须对废弃的产品或者包装物负责回收；对其中可以利用的，由各生产企业负责利用；对因不具备技术经济条件而不适合利用的，由各生产企业负责无害化处置。②对上述规定的废弃产品或者包装物，生产者委托销售者或者其他组织进行回收的，或者委托废物利用及处置企业进行利用或者处置的，受托方应当依照有关法律、行政法规的规定和合同的约定负责回收或者利用、处置。③对列入强制回收名录的产品和包装物，消费者应当将废弃的产品或者包装物交给生产者或者其委托回收的销售者及其他组织。④强制回收的产品和包装物的名录及管理办法，由国务院循环经济发展综合管理部门规定。

（五）对重点企业实行重点监督管理

国家对钢铁、有色金属、煤炭、电力、石油加工、化工、建材、建筑、造纸、印染等行业年综合能源消费量、用水量超过国家规定总量的重点企业，实行能耗、水耗的重点监督管理制度。重点能源消费单位的节能监督管理，依照我国节约能源法的规定执行。重点用水单位的监督管理办法，由国务院循环经济发展综合管理部门会同国务院有关部门规定。

按照节约能源法的规定，年综合能源消费总量一万吨标准煤以上的用能单位以及国务院有关部门或者省、自治区、直辖市人民政府管理节能工作的部门指定的年综合能源消费总量五千吨以上不满一万吨标准煤的用能单位为重点用能单位。重点用能单位应当每年向管理节能工作的部门报送上年度的能源利用状况报告，包括能源消费情况、能源利用效率、节能目标完成情况和节能效益分析、节能措施等内容。管理节能工作的部门应当对重点用能单位报送的能源利用状况报告进行审查。重点用能单位节能管理办法，由国务院管理节能工作的部门会同国务院有关部门制订。

（六）建立健全能源统计制度和循环经济标准体系

国家建立健全循环经济统计制度，加强资源消耗、综合利用和废物产生的统计管理，并将主要统计指标定期向社会公布。国务院标准化主管部门会同国务院循环经济发展综合管理和环境保护等有关部门建立健全循环经济标准体系，制订和完善节能、节水、节材和废物再利用、资源化等标准。

二、我国促进循环经济发展的激励措施

（一）财政措施

国务院和省、自治区、直辖市人民政府设立发展循环经济的有关专项资金，支持循环经济的科技研究开发、循环经济技术和产品的示范与推广、重大循环经济项目的实施、发展循环经济的信息服务等。具体办法由国务院财政部门会同国务院循环经济发展综合管理等有关主管部门制定。

国务院和省、自治区、直辖市人民政府及其有关部门应当安排财政性资金支持循环经济重大科技攻关项目的自主创新研究、应用示范和产业化发展，并将其列入国家或者省级科技发展规划和高技术产业发展规划。利用财政性资金引进循环经济重大技术、装备的，有关主管部门应当根据实际需要建立协调机制，对重大技术、装备的引进和消化、吸收、创新实行统筹协调，并给予资金支持。

（二）税收优惠

对促进循环经济发展的产业活动给予税收优惠，并运用税收等措施鼓励进口先进的节能、节水、节材等技术、设备和产品，限制耗能高、污染重的产品出口。企业采用或者生产列入国家清洁生产、资源综合利用等鼓励名录的技术、工艺、设备和产品的，按照国家有关规定享受税收优惠。

（三）金融措施

金融措施包括：①县级以上人民政府循环经济发展综合管理部门在制定和实施投资计划时，应当将节能、节水、节地、节材、资源综合利用等项目列为重点投资领域。②对符合国家产业政策的节能、节水、节地、节材、资源综合利用等项目，金融机构应当给予优先贷款等信贷支持，并积极提供配套金融服务。③对生产、进口、销售或者使用列入淘汰名录的技术、工艺、设备、材料或者产品的企业，金融机构不得提供任何形式的授信支持。

（四）价格措施

价格措施包括：①实行有利于资源节约和合理利用的价格政策，引导单位和个人节约和合理使用水、电、气等资源性产品。②国务院和省、自治区、直辖市人民政府的价格主管部门按照国家产业政策，对资源高消耗行业中的限制类项目，实行限制性的价格政策。③对利用余热、余压、煤层气以及煤矸石、煤泥、垃圾等低热值燃料的并网发电项目，价格主管部门按照有利于资源综合利用的原则确定其上网电价。此外，还规定省、自治区、直辖市人民政府可以根据本行政区域经济社会发展状况，实行垃圾排放收费制度。

（五）政府采购政策

国家实行有利于循环经济发展的政府采购政策。使用财政性资金进行采购的，应当优先采购节能、节水、节材和有利于保护环境的产品及再生产品。

三、加快推进我国循环经济发展的途径

短短几年间，循环经济从理念逐步变为行动，在全国范围内得到较快发展，取得积极成效。但是，当前推进循环经济发展中还存在一些问题，比如相关配套法规和标准还不健全，有利于循环经济发展的价格、财税和金融政策还不完善，投入严重不足，循环经济共性和关键技术研发不够，循环经济评价考核体系和统计制度尚未建立，有效的管理制度和协调机制没有形成等，需要逐步加以研究解决。为此应从以下几个方面加快推进循环经济发展：

（一）加强规划指导

组织编制循环经济发展总体规划以及矿产资源综合利用、产业废弃物循环利用、再生水利用、废旧金属和废旧家电资源化利用等专项规划。指导地方编制循环经济发展规划。

（二）制定配套法规

近期国务院将出台《废弃电器电子产品回收处理管理条例》。抓紧研究制定包装物回收利用、废旧轮胎回收利用、汽车零部件等机电产品再制造管理办法等配套法规以及国家循环经济试点验收办法，加快完善循环经济标准体系。

（三）健全管理制度

建立循环经济规划制度、评价和考核制度、生产者责任延伸制度、重点企业监管制度、标准标识管理制度、表彰奖励制度以及社会监督机制等。

（四）深化示范试点

组织专家对国家循环经济试点单位进行调研、评估和验收，及时总结推广试点经验；推广产业园区循环经济发展模式，扩大试点地区。

（五）推进技术进步

组织制定国家鼓励、限制、淘汰的循环经济技术名录；加快节约、替代、循环利用和"零排放"技术的开发和推广应用；支持建立循环经济技术服务体系。

（六）完善政策机制

抓紧研究制订利用余热余压上网发电、废水"零排放"、脱硫石膏综合利用、再制造产业化的鼓励政策；会同财政部加快研究设立循环经济发展专项资金；研究建立发展循环经济的信贷支持机制。

（七）加强基础工作

开展循环经济重大战略问题研究，建立健全循环经济统计制度。

（八）营造社会氛围

广泛宣传循环经济促进法，提高全社会节约和循环利用资源、保护生态环境的意识和自觉性。

第六章　生态文明建设与绿色经济

人类社会正面临着一次绿色经济时代的变革，绿色经济和绿色发展是世界未来发展的方向。绿色经济正在为发展和创新产生积极的推动作用，它的规模之大可能是自工业革命以来最为罕见的。

第一节　绿色经济

我国过去处于全面落实科学发展观、建设环境友好型和资源节约型社会的战略转型期的同时也面临着加快产业结构调整、转变经济发展方式的重大任务。因此认识和理解绿色经济，对于实现中国环境与经济的协调发展，真正走出一条具有中国特色的可持续发展道路，产生了重大的现实意义。

一、绿色经济概念

"绿色经济"是由经济学家皮尔斯于 1989 年出版的《绿色经济蓝皮书》中首先提出来的。绿色经济也称为"生态经济"，它是以市场为导向，以传统产业经济为基础，以生态环境建设为基本产业链，以经济与环境的和谐为目的而发展起来的经济形式，是产业经济为适应人类新的需要而表现出来的一种状态。绿色经济将众多有益于环境的技术转化为生产力，并通过与环境无对抗的经济行为，实现经济的长期稳定增长。

绿色经济的"绿色"，不是人们感知意义上的颜色，而是一种象征性用语。一般认为绿色经济是指人们在社会经济活动中，通过正确地处理人与自然及人与人之间的关系，高效地、文明地实现对自然资源的永续利用，使生态环境持续改善和生活质量持续提高的一种生产方式或经济发展形态。具体来说绿色经济在于以高科技产业为手段，一方面它通过科技力量的巨大作用使人们的社会生产、流通、分配、消费过程不损害环境与人的健康；另一方面，它又要在自然资源的承载能力范围内，在生态环境的非碱性条件下，把技术进步限定在有利于人类、有利于人类与大自然相互关系的轨道上。即按照属于人类的生活或生存方式来求得人与自然之间的和谐。在此基础上，"绿色经济"又会在社会需要（社会公共需要、个人利益或市场利益）的支配下，按照市场经济内在规律的要求，根据效率优先的原则，以效率最大化为目标。

（一）绿色经济的两种含义

第一种含义是指经济要环保，即要求经济活动不损害环境或有利于保护环境。在这里，绿色是对经济活动的外在限定，它要求经济活动不以牺牲环境为代价或不付出过大的环境代价。在这个意义上，绿色经济并非单指某些产业活动，而是对整个经济体系的要求，它实际上是指要把原有经济体系的面貌由非环保型转到环保型，因此，绿色经济又可称为环保型经济或环境友好型经济。举例说，钢铁、化工、建材、造纸等产业，在粗放型发展方式下是高排放的因而是非绿色经济的，而在清洁技术、循环利用和节能减排的生产方式下，就是环保型的，就属于绿色经济。应该注意，这时候绿色经济强调的重点是环保，即为了环保的目的，哪怕放弃一部分经济效益也是必要的，以保证经济是绿色的。

第二种含义是指环保要经济，即从环境保护活动中获取经济效益。我们可以把这个意义上的绿色经济称为"从绿掘金"，也就是说，环境保护可以成为经济利润的一个来源，成为一个经济增长点。举例说，环境污染治理、环境基础设施建设、新能源开发、绿色食品研发等，都可以带来新的利润，使这一部分活动改变环保只赔钱不赚钱的形象。可以看到，这个时候绿色经济强调的重点是经济，即通过政策调节和定向开发使环境保护也有利可图。

以上两种含义分别强调了绿色和经济两个方面，他们的共同要求是追求同时产生环境效益和经济效益。因此，二者合起来，可以形成一个绿色经济的定义：绿色经济是指那些同时产生环境效益和经济效益的人类活动。

（二）绿色经济的两项外延

按照绿色经济是能同时产生环境效益和经济效益的人类活动的定义，可以看到，绿色经济的外延由两部分组成：

一是对原有经济系统进行绿化或生态化改造。它包括开发新的生产工艺、减少或替代有毒有害物质的使用、高效和循环利用原材料、减少污染物的产生量、对污染物进行净化治理等。这些活动都能减轻对环境的压力，并通过节约资源而获得经济效益，对传统产业都是适用的。实际上，现代工业已经在很大程度上做到了低排放甚至零排放，所以尽管产业是传统产业，但属性上已属于绿色经济。我国政府部署的"加快建设以低碳排放为特征的工业、建筑、交通体系等"就属于这个范围。

二是发展对环境影响小或有利于改善环境的产业。它包括生态农业、生态旅游、有机食品、可再生能源、服务业、高新科技、植树造林等，称为绿色产业，其特点就是天生对环境友好，不必投入过多资源进行污染防治和生态保护。这些产业并不都是新兴产业，有些是属于传统产业的，而且有些产业有着数千年的悠久历史，例如我国传统的农耕生产方式中有些做法充分运用了资源循环利用的原理，充满了生态文明的智慧。目前联合国环境规划署倡导的绿色投资主要是要求各国把资金投入到这些既能增加就业、拉动消费又能减少排放的经济活动中去，包括清洁技术、可再生能源、生态系统或环境基础设施、基于生物多样性的商业（如有机农业）、废物及化学品管理、绿色城市、绿色建筑和绿色交通等，可以看到与上述绿色产业也是基本一致的。我国政府部署的"培育以低碳排放为特征的新的经济增长点"也属于这个范围。

二、绿色经济的特征

绿色经济具有以下一些特征：

（一）绿色经济是以人为本的经济

绿色经济是服务于人的需要和人的发展的，偏离了这一目标来讨论绿色经济毫无意义。因为经济发展的动力来自人们不断追求经济利益。一个社会只有当它能使大部分人的福利有所改善时，经济发展的目标才能够实现。我们强调人类在经济活动中要亲和自然、尊重自然，并不是像唯生态主义者那样，建立在唯保护环境和生物多样性的基础上来看待经济的持续发展，更不是要借此牺牲经济发展和人们经济福利的提高来换取生态环境的保护和改善。而是希望通过人与自然的和谐发展，来更好地实现人类自身的健康发展。诚然，与传统经济学不同，绿色经济的发展是兼顾了个人利益、当代人利益与全体人类的不同代人利益的，是一种更高层次的人类利己主义。正是从这种利益的角度，人类为了自己的生存，才有必要保护生态环境，保护动植物，最大限度地节约和利用自然资源，即从人的最大经济福利角度来实现资源的优化配置。当然，以人类的最大经济福利作为目的和动力的资源配置，是建立在效率优先基础上的，离开了效率优先，人类的净福利便无从谈起。所以，以人为本并不否定效率优先的原则，而恰恰是借助效率优先来实现的。

（二）绿色经济始终强调经济发展的生态化

绿色经济始终把环境与生态因素作为经济发展的基础，明确指出，经济持续发展的关键在于生态环境与资源的永续性。因此，绿色经济追求的不是简单重视自然资源的价值，而是从动态上强调对生态环境和自然资源的永续利用、代际公平。健康的经济发展应该建立在生态化的基础上，建立在人与自然和谐的基础上，为了使经济发展生态化，必须把技术进步作为经济发展过程的内生因素，必须重视资本、人力资本和生态环境资本。因为其中任何一种形式的资本退化都会危及经济发展。为此，人类科学技术的发展必须以"绿色化"技术体系为基础，即科学技术的发展应服从于保护生态环境的需要，理智地使用自然资源。在绿色化技术体系的支撑和带动下，使经济发展步入生态化的轨道。

（三）绿色经济努力追求高层次的社会进步

绿色经济不仅仅追求经济发展，而且追求人的发展和生态环境的进步。绿色经济认为，社会进步不仅包括生产和分配的体制改革，而且国民财富的分配，除了要求公平，还要有益于教育、健康、就业。另外，绿色经济理论认为，环境保护应成为社会的自觉行为，其目的在于预防、恢复或补偿由于经济行为所造成的环境损失。为了维护生态环境的进步，必须以"绿色GDP"来取代传统的GDP，将"绿色GDP"作为衡量经济进步与社会发展的指标。

（四）绿色经济是效率最大化的经济

绿色经济不仅包含了"绿色的内容"，即包含了生态文明和循环经济以及以人为本，以发展经济、全面提高人民生活福利水平为核心，保障人与自然、人与环境的和谐共存，人与人之间的社会公平最大化的可持续发展，又包含了"经济"的内容，即以最小的资源耗费得到最大的经济效益，只不过与传统经济学不同，绿色经济是建立在绿色、健康、更有效的基础上使自然资源和生态环境得到永续利用和保护的效率最大化、利润最大化的经济。

三、绿色经济与生态经济、循环经济和低碳经济的关系

（一）绿色经济与生态经济、循环经济和低碳经济的联系

理论基础相同。绿色经济和生态经济、循环经济、低碳经济的理论基础都是生态经济理论和系统理论，立足于追求经济、社会和生态系统的有机统一、协调和平衡，以三大系统协调发展为核心，以包括人类在内的生态大系统为研究对象，借鉴生态学的物质循环和能量转化原理，考虑到资源和环境的可持续发展问题，探索人类经济活动和自然生态之间的关系。这几种经济形态都强调把经济系统与生态系统的多种组成要素联系起来进

行综合考察与实施，追求经济社会与生态发展全面协调，达到生态经济的最优目标。

依靠的技术手段相同。绿色经济和生态经济、循环经济、低碳经济都是以生态技术为基础。生态技术主要是针对科学技术的功能及社会作用而言的，它涉及科技伦理和科技价值问题。生态技术是指遵循生态学原理和生态经济规律的，能够保护环境，维持生态平衡，节约能源资源，促进人类与自然和谐发展的一切有效用的手段和方法。生态技术将经济活动和生态环境作为一个有机整体，追求的是自然生态环境承载能力下的经济持续增长。

生态技术主要有以下特征：生态技术是与生态环境相协调的技术，这是生态技术最本质的特征。这种协调性具体是指技术的使用不造成生态环境的破坏和污染，并且进一步能够对生态环境有优化作用。生态技术的目标是追求生态——经济综合效益，生态技术将经济活动和生态环境作为一个有机整体，追求的是自然生态环境承载能力下的经济持续增长。生态技术是以生态学为理论基础的，生态学的理论是生态技术创新永不枯竭的思想源泉。近代工业技术是以物理科学为理论基础，以不可再生资源为主要动力和材料来源。而成熟的生态技术则以可再生资源为主，因而十分强调生产系统和自然生态系统的耦合。在技术的建构和使用方式上，则注重对生态系统方式的模拟。生态技术系统遵循一般系统论的整体性原则，生态技术不是以某一环节技术的开发和效益为目标，而强调技术系统的建构能使资源的投入——产出关系最优化。同时遵循协调性原则，不仅注重技术内部之间的相互协调，搭配合理，而且注重整个技术系统与外界自然系统的协调。生态技术是一种人道的技术，这是生态技术在技术伦理上的特征，技术本来是追求自由、幸福，更好地利用自然的手段，但现代技术的发展却使人感到技术在不断把人束缚在庞大的机器体系上，在不断威胁人类整体的存在，在不断使人和自然相对立、隔离，产生技术的"异化"。技术的"异化"在本质上是反人道的，生态技术由于是和生态环境相协调的技术，因而有助于克服技术的"异化"。

追求的目的相同。绿色经济和生态经济、循环经济、低碳经济追求的目的都是保护、改善资源环境，追求人类的可持续发展和环境友好型社会的实现。要求人类在考虑生产和消费时不能把自身置于这个大系统之外，而是将自己作为这个大系统的子系统来研究符合客观规律的经济原则，考虑自然生态系统的承载能力，尽可能地节约自然资源，不断提高自然资源的利用效率。对物质转化的全过程采取战略性、综合性、预防性措施，降低经济活动对资源环境的过度使用及对人类所造成的负面影响，促进人与自然的和谐发展。

（二）绿色经济与生态经济、循环经济和低碳经济的区别

研究的角度不同。生态经济强调经济与生态系统的协调，注重两大系统的有机结合，强调宏观经济发展模式的转变，以太阳能或氢能为基础，要求产品生产、消费和废弃的全过程密闭循环。循环经济侧重于整个社会物质循环应用，强调的是循环和生态效率，资源被多次重复利用，提倡在生产、流通、消费全过程的资源节约和充分利用。绿色经济关爱生命，鼓励创造，突出以科技进步为手段实现绿色生产、绿色流通、绿色分配，兼顾物质需求和精神上的满足。低碳经济主要针对的是能源领域以应对全球气候变暖问题，重点是从建立低碳经济结构、减少碳能源消费入手，进而建立起全社会减少温室气体排放，使其在较高的经济发展水平上，让碳排放量达到比较低的经济形态。

实施控制的环节不同。从经济系统和自然系统相互作用的过程来看，生态经济和循环经济分别从资源的输入端和废弃物的输出端来研究经济活动与自然系统的相互作用，同时循环经济还关注资源，特别是不可再生资源的枯竭对经济发展的影响。绿色经济更多关注的是经济活动的输出端，即废弃物对环境的影响，重点在于环境保护。低碳经济强调的是经济活动的能源输入端，通过减少碳排放量，使得地球大气层中的温室气体浓度不再发生深刻的变化，以保护人类生存的自然生态系统和气候条件。

核心内容不同。生态经济的核心是实现经济和自然系统的可持续发展。

循环经济的核心是物质的循环，使各种物质循环利用起来，以提高资源效率和环境效率。绿色经济强调以人为本，以发展经济、全面提高人民生活福利水平为核心，保障人与自然、人与环境的和谐共存，促使社会系统公平运行。低碳经济是以低能耗、低污染为基础的经济，其核心是能源技术创新、制度创新和人类消费发展观念的根本性转变。

绿色经济、生态经济、循环经济和低碳经济将引起现代经济发展的全方位的深刻变革。我国也面临着从传统的资源依赖过量消耗型、粗放经营的经济增长方式向资源节用循环型、集约经营的经济发展方式转变。因此，我们应理性地对待，清醒地认识我国当前的国情，不要盲目地不切实际地攀高。我们要正确理解绿色经济和生态经济、循环经济、低碳经济之间的关系，走出一条有中国特色的实现生态文明的发展道路。

四、绿色经济与生态文明建设

发展绿色经济，建立全社会的资源循环利用体系，以最少的能源资源消耗、最小的环境代价，实现经济社会的可持续发展，是建设生态文明的基础。《中国 21 世纪议程》指出，"可持续发展的前提是发展""既能满足当代人的需求而又不对满足后代人的需求的能力构成危害"。可持续发展首先是发展，并且是持续不断的良性循环，需要在改善和保护发展的源头——自然环境的前提下，合理调整传统的产业发展模式，协调经济、社会和自然环境之间的关系。有鉴于此，以可持续发展观为基础的绿色产业模式，就成为当今产业经济发展的必然选择。

首先，绿色经济模式强调经济、社会和环境的一体化发展。在传统经济发展模式下，大量占有和利用自然资源，不断提高劳动生产率，最大化地促进经济增长是其基本特征，认为自然环境与经济增长和社会发展之间彼此不能兼容，环境问题是经济与社会发展过程中的必然现象，社会发展、经济繁荣必然要以牺牲自然环境为代价，最终导致经济发展的不可持续性。

绿色经济模式是以可持续发展观为基础所形成的新型经济发展方式，它以自然生态规律为基础，通过政府主导和市场导向，制订和实施一系列引导社会经济发展符合生态系统规律的强制性或非强制性的制度安排，引导、推动、保障社会产业活动各个环节的绿色化，从根本上减少或消除污染。

其次，绿色经济能够体现出自然环境的价值。传统经济系统坚持封闭性、独立性，认为只要系统本身不断扩大，经济就会得到永无止境的发展，不受其他任何条件的制约，导致全球环境危机的不断加剧。绿色经济系统坚持开放性和协调性，将环境资源的保护和合理利用作为其经济系统运行的重要组成部分，在生产、流通和消费各个领域实行绿色先导原则，尽可能地减少对自然环境的影响和破坏，抑或改善环境资源条件，并将自然环境代价与生产收益一并作为产业经济核算的依据，确认和表现出经济发展过程中自然环境的价值。事实上，经济的发展与环境资源的消耗是并行的，在量化经济发展的各项收益指标时，环境消耗价值理应据实计算并从中扣除。

再次，绿色经济的自然资源利用具有公平性。公平性是可持续发展的重要特性，失去公平性就等于失去可持续发展。追求经济利益最大化，不断提高人类的生活质量，是经济和社会发展的基本目标。然而，传统经济模式下的社会经济增长，是以自然资源系统遭受严重破坏和污染为代价获得，仅仅满足了当代人或少数区域人的物质利益需求，忽略后代人或其他欠发达区域人的生存需要，是将子孙后代或全人类的环境资源用以满足少部分当代人物质上的奢侈，这是极端不公平的。绿色经济发展方式通过自然资源的可持续利用，能够最大限度地提高自然环境的利用率和再生能力，理论上可以同时兼顾当代人和后代人的代际利益平衡和当代人之间的区域利益平衡。

最后，绿色经济可以引导产业结构的优胜劣汰。在经济发展过程中，产业结构是动态的，优胜劣汰是客观规律，正是基于产业结构的更新机制，才能实现产业的可持续发展。发展绿色经济，能够引起工业社会产生巨大的变革：一是生产领域中，工业社会以最大化地提高社会劳动生产率、促进经济增长为中心的"资源—产品—污染排放"的生产方式将转变为以提高自然资源的利用率、消除或减少环境污染为中心的可持续发展生产方式，加强了生产者的环境保护责任；二是在流通领域内改革工业社会所奉行的自由贸易原则，实行附加环境保护的义务的自由贸易，控制和禁止污染源的转移；三是转变消费观念，引导和推动绿色消费。这一系列的制度性变革，必然引起工业社会向绿色社会的回归，依据自然生态规律，建立起由不同生态系统所构成的绿色经济系统。

第二节　绿色经济的国内实践

加快转变发展方式，推动绿色经济发展，总结梳理我国部分地区经济绿色转型实践及成功经验，对促进我国绿色经济发展具有示范、带动作用。

一、我国绿色经济的发展模式

我国绿色经济的发展模式就是在实践中运用绿色经济理论进行经济活动，将传统经济发展模式改造成绿色环保型的新型经济模式。具体可以分为绿色农业经济、绿色工业经济和绿色城市经济。

（一）绿色农业经济

我国现代农业生产中会用到大量的化肥和农药，这些用品一方面会造成粮食污染，另一方面在生产制作过程中，消耗了大量的化石原料，如果能改变这种生产方式，既会节约很多能源，又能保证食物安全无毒，在绿色农业中可以使用自然堆肥、家畜粪便、沼气残渣等替换肥料，使用作物轮作、作物间隔种植，依靠生物技术等生态防虫害方法替代农药。在作物浇灌的生产方式上，我国大部分地区采用漫灌的浇灌方法，这种方法不但造成了水资源的大量浪费，还造成了能源上的极大浪费，如果依据各个地区的特点，引进开发滴灌技术，会使我国农业生产节约大量的能源。我国农村电力基本上靠外界工业发电供给，而农村自身大量资源没有得到利用，如果在农村大力发展沼气发电、太阳能发电、风能发电等绿色发电技术，既节约了能源，又使农民减少了一部分不必要的支出。发展秸秆利用技术，目前由于秸秆利用技术欠缺，农民基本上都是直接点燃，这样会造成环境污染，而秸秆不仅可以作为畜牧业的饲料，还可以用于造纸、沼气。除此之外，秸秆还可以转化成碳燃料，目前市面上烧烤用的炭块有些就是从秸秆制造出来的，并且在生产过程中还可以产生可燃性气体，如果技术能再完善，那么在工业生产中可以替代煤、天然气等不可再生资源。目前国际上石油资源竞争激烈，我国石油需求一半以上需要进口，这对我国的能源安全构成很大的威胁，如果能开发研究生物发酵技术，将秸秆、草籽、多余的粮食作物等通过生物发酵制成酒精，那么不仅可以帮助我国摆脱对国外石油的依赖，还是一种很好的绿色经济模式，是可以循环再生的人造能源。

（二）绿色工业经济

传统工业主要能源依靠的是煤、石油等不可再生的化石能源，这种生产方式能源利用效率低，而且资源分布不均，不可再生，并且其燃烧过程中产生大量温室气体和有害气体，导致全球气候变暖，严重威胁到了人类的生存。要转变生产方式，有两种渠道，首先可以提高目前化石能源的利用效率，目前化石能源基本上靠燃烧发热做功，而燃烧效率基本上处于70%水平，还有很大的提升空间。除了提高工业生产中的燃烧效率，燃烧释放出来的热能利用率也有很大提升潜力，只要加大研发力度，效率提升一点点，就能使我国的化石原料消耗减少很多。走能源节约型道路是传统高碳经济向绿色经济的重要过渡；其次改变传统能源使用模式，开发新的绿色可再生能源，2010年我国用玉米制成的燃料乙醇达1500万吨，这些燃料乙醇可以替代汽油，因为燃料乙醇燃烧后的主要产物是水，所以，这种能源几乎是零污染的绿色能源，如果大力发展，既能解决我国的能源危机，也能保护国内国际环境。还可以依据各个地方的资源类型，开发推广水力发电、风能、太阳能、潮汐能、地热能等自然无污染能源，这些能源在国内有些地方已经使用了很多年，技术也很成熟，不过要在国内推广，提高其在我国能源结构中的比例还需要大量的科研投入。这些能源利用得当，可以替代很大一部分化石燃料能源，例如目前芬兰这些能源的总和已经占国内能源使用总量的30%。核能属于高新能源，人类利用核能的历史也不过短短半个世纪，但是核能的发展潜力是无限的。核能分为核裂变和核聚变，目前核裂变在世界应用广泛，我国核裂变发电量占国内总发电量的比例不到1%。不过核裂变发电的发展潜力巨大，核聚变的能量更加诱人，而且核聚变发电不会产生放射性污染，聚变产物是普通的水，原料储藏也很丰富，只是目前科技水平还无法用于发电。我国核聚变的使用研究处于世界先进水平，据预测，在未来的20到30年间，我国有望掌握核聚变发电技术。除此之外，20世纪70年代，科学家发现海洋底部存在大量的可燃冰能源，该能源是甲烷水合物，燃烧产物主要是水，也是一种非常洁净的能源，而且储量很大，目前国内国际对此都在积极开发。

（三）绿色城市经济

除了工业、农业，我国城市居民的生活用电、用水、用油的数量也非常大，其中有很多能源浪费是由于人们生活细节不注意，如果能在城市建设、居民生活方式、交通方式上加以节约保护，就能节约大量能源。绿色的城市建筑包括设计采光好的、自然通风的建筑，配有太阳能热水等，采用隔热材料，减少冷暖空调的使用。改变居民生活方式包括：出行尽量少开车，乘用公共交通工具或者采用自行车等环保交通工具。少买报纸，多利用网络电子读物等。推广节能灯和节能家用电器，倡导使用高效节能厨房等。夏天室内温度不宜调太低，冬天也不用将暖气开到最大。只要我们注意生活中的每个细节，既能减少能源消耗，又养成了良好的生活方式，为下一代的可持续发展做出了榜样。国家一方面应该对城市建设做出科学规划，建设绿色环保大厦，提供完善节能的交通方式，限制私家车的使用，另一方面应积极宣传推广绿色生活方式，杜绝资源浪费。

二、我国发展绿色经济取得的成效

目前我国绿色经济以及含有绿色元素的经济成分，已经成为国民经济中的重要力量，且近年来增长较快，基本与同期 GDP 保持了同样的增长率，其占 GDP 的比重已经达到 8% ~ 11%，对整个国民经济有举足轻重的贡献和影响力。我国已在一些绿色经济领域取得显著成绩。2008 年绿色能源投资增长 156 亿美元，涨幅 18%，其中投资最活跃的是风能发电和生物燃料项目，我国已跃居成为世界第二大风能市场。中国已成为全球最大的太阳能电池出口国，总部位于山东德州的皇明太阳能集团有限公司已累计推广太阳能 1300 万平方米，相当于欧盟 7 至 8 年的推广总量。在污水处理方面，资料显示，到 2008 年底，我国投资 2000 多亿元建成 1550 多座污水处理厂，日处理规模 8600 万吨，规模居世界污水处理第二。

三、重庆市绿色经济实践

重庆市是我国西部地区重工业和制造业基地，历史原因造成了工业布局不合理，能耗高、污染大的产业比重偏高。基于此，重庆市在发展绿色经济方面进行了积极的探索，并取得了明显的成效。主要做法是：严格环境管理助推绿色转型。重庆市依托国家支持建立环境与发展综合决策机制，以长效机制推进环境保护与发展共赢。一是建立了环境与发展综合决策机制，把环境保护纳入了全市国民经济和社会发展计划。规定重大决策（政策）必须经过充分的环境影响论证，招商引资项目环保部门要提前介入，建立总量控制和污染减排工作体系等新的环保工作机制，环境保护规划逐步和国民经济与社会发展规划、城市总体发展规划、土地利用规划一道，成为经济社会发展的重要调控手段。二是建立了齐抓共管的环保工作机制。逐步建立了"党委政府领导、人大、政协监督、环保部门组织、相关部门履职、社会公众参与"的环境保护齐抓共管机制，形成了相关职能部门各司其职、全市齐抓共管环境与发展工作的局面。三是建立了环保目标责任制及总量减排联席会议等保障制度。2000 年起，重庆市在全国率先开展党政"一把手"环保实绩考核。重庆市委、市政府将年度环保目标任务分解落实到各区县、部门、大型企业，并将其作为党政"一把手"环保实绩考核的重要内容，建立完善了"职责分工明确、目标任务量化、项目措施落实、监督考核过硬、奖励惩处兑现"的目标责任机制。

严格环境标准，提高企业准入门槛，从上游推动产业结构调整。重庆市将严格环境标准作为发展绿色经济的重要举措，特别是根据主城大气污染严重、渝西地区水资源缺乏和三峡库区水环境敏感等情况，制定了《重庆市产业环境准入标准》《重庆市工业项目环境准入规定》《重庆市电镀行业准入条件》等地方准入标准，以环境容量为依据，以污染物排放效率限值为准入条件，从产业政策、工艺规模、清洁生产、选址布局、污染防治、总量控制和风险防范等方面入手，制订了各地方工业项目的环境准入政策，禁止在城市上游和三峡库区建设威胁水环境安全的项目，禁止在主城区建设使用燃煤等大气污染严重的项目。

淘汰落后产能，加强节能减排，从末端倒逼产业结构调整。重庆市加大落后产能的淘汰力度，关停小火电 35.86 万千瓦，关停 400 余万吨的小水泥生产能力，淘汰了钢铁、造纸、化工等落后产能，共计年减少能源消耗 83.6 万吨标煤；年减排二氧化硫 2.9 万吨、烟（粉）尘 2.5 万吨，节能减排效果十分显著。加快主城污染企业退出和搬迁，促进企业产业升级。自 2001 年起，重庆开始进行重污染企业退出机制的探索。通过制定税费征收、土地出让补偿、职工养老和医疗、财税返还、社会保障等方面的优惠政策，促进污染企业环保搬迁。按照"退城进园、搬大搬强、消除污染"的原则，企业通过积极采用国内外具有先进水平的设备、技术和工艺，加快对传统产业的技术改造和产品升级，淘汰资源和能源消耗高、市场竞争力弱、污染物排放量大的生产工艺和设备，对有市场竞争力的产品扩大规模，使企业产品结构得到调整和优化。同时，搬迁优化了企业的资产结构，降低了企业负债率，使企业走上良性发展的道路。部分企业还通过搬迁，引入外资或内资，改变企业资产组成结构，转变机制，建立现代企业制度，使企业机制更灵活，更具市场竞争能力。截至 2009 年 10 月，已完成火电、化工、制药等行业 98 户污染企业的环保搬迁。通过实施环保搬迁，调整优化产业结构，促进优势产业的培育，引导工业向园区集中，实现环境保护目标。

制定完善的法规政策是绿色经济发展的制度保障。2006 年，重庆市发布了《关于加强环境保护若干问题的决定》，提出大力调整产业结构和布局，大力推行清洁生产，实行环境准入制度，严格污染物排放控制管理，建立污染物排放公报制度，全面实行排污许可证制度等，从政策层面促进了绿色经济的发展。2010年7月修订的《重庆市环境保护条例》中很多条款在上位法规定及重庆原有的法规规章基础上有重大突破，比如在政府环境保护责任规定、环境监督管理制度规定、环境违法行为处罚等方面有很多创设性的规定，特别是"加倍征收排污费""按日累处罚"和"对环境违法企业主要负责人进行处罚"等规定，是环境立法的重大突破，为解决守法成本高、违法成本低等问题提供了有力的法律保障，在全国产生了积极影响。另外，"惩罚企业法人代表"这一规定是重庆在全国的首创，虽然实际上惩罚不多，但对解决违法成本低的问题有着显著成效，相关的污染下降明显。

在环境经济政策方面，重庆市积极探索排污权交易试点工作。重庆市政府印发了《重庆市主要污染物排放权交易试点方案》，批准成立了排污交易管理中心，并于2009年12月25日成功举行了首批主要污染物排放权交易。交易采取挂牌转让的方式进行，经电子竞价后5家需求企业共竞得1189吨SO2和87吨COD的排放权，当日成交总额为805.5万元。排污权交易的实施，对于探索资源环境价格形成机制、促进企业提高污染治理水平、减少污染物排放、加快落后产能淘汰步伐、进一步优化产业结构发挥了积极的作用。

四、青海绿色经济实践

青海密切结合本省产业发展特点、生态战略地位、人民生活状况等具体实际，积极探索，提出了绿色发展战略并积极实践。实现绿色发展的核心在于形成高端化、高质化、高新化、低碳化、生态化的绿色产业体系。青海把高原现代特色农牧业生态化、工业循环经济和现代服务业的品牌化作为发展的取向，加快推进传统产业转换升级，绿色产业已逐步成为青海发展的新引擎。如青海牧区以转变生产经营方式为目标，探索出绿色生态畜牧业发展新模式。地处青藏高原的青海牧区是我国重要的水源地，也是我国五大草地畜牧业基地之一。长期以来，粗放型经营方式导致草原生态环境持续恶化，畜牧业发展举步维艰。有资料显示，全省天然草场理论载畜量约2000万只羊单位，而2008年末超载约1500万只羊单位。基于此，青海省明确提出了发展绿色生态畜牧业的构想，并在省内6个民族自治州进行试点，探索出3种具有推广价值的新模式：（1）以合作社为平台，实行牲畜、草场股份制经营的发展模式；（2）以草场流转、大户规模经营、分流牧业人口、促进资源合理配置为特点的发展模式；（3）以联户经营、分群协作、优化产业结构、保护草原生态为特点的发展模式。实践证明，这3种模式在经营体制、经营方式、产品生产方式转变上取得了重大突破，为其他地区发展生态畜牧业，促进民生与生态改善提供了可供借鉴的具体做法和经验。做到了寓生态环境建设于经济社会发展，融经济社会发展于生态环境建设。

五、内蒙古绿色经济实践

内蒙古以优化产业结构为主线，加快绿色低碳经济发展步伐。内蒙古得天独厚的森林、草地、沙漠等生态系统蕴藏着丰富的碳汇资源，为发展碳汇经济奠定了坚实的基础。在绿色经济发展潮流的影响下，该地区创新发展理念，强化政策引导，大力发展低碳经济、碳汇交易，使之成为区域内经济发展的一大亮点。同时，以风电产业和光伏产业为重点，把清洁能源产业作为战略性新兴产业体系的"首选"。截至2009年底，风机装机容量达到520万千瓦，居全国第一位。随着自主创新能力的提高，风力发电机及配件制造、单晶硅及切片、太阳能电池及组件等产业也初具规模，清洁能源产业发展前景向好。内蒙古已成为西部发展低碳经济抢占绿色能源新高地的成功典范。

第三节 探索中国绿色经济发展道路

当前，各国政府积极推行"绿色新政"，全球形成了一股发展绿色经济的潮流，绿色经济正逐渐成为新一轮国际竞争的焦点。我国正处在发展绿色经济的起步阶段，面临着机遇与挑战，需要走出一条具有中国特色的绿色经济发展道路。

一、我国发展绿色经济面临的挑战

（一）政府投资处于较低水平，项目融资困难

我国经济刺激方案的绿色投资比例可能较高，但总体上仍处于较低水平的绿色投资，尚未建立起有利于绿色技术创新推广的市场机制。一方面，尽管已出台了不少政策，但出发点和目标还停留在解决资源浪费和污染严重等初级发展阶段面临的基本问题上，缺乏对新兴产业和产品创新的动力和能力以及在提高能效和可再生能源开发方面的集中投资；另一方面，国内绿色产业融资平台主要是商业银行，整个绿色产业处于起步阶段，规模不大，依赖政府的投入易造成投资渠道单一、结构失衡，大的商业银行的信贷支持往往并不到位。此外，银行对于绿色项目仅依靠传统贷款的模式，缺乏必要的融资工具和金融产品，市场经济导致政府对绿色产业的补贴和优惠政策较少，存在不能形成规模经济和信息不对称问题。

（二）绿色企业的发展面临多重困境

首先，成本较高，市场化发展受阻。很多企业缺乏危机感和紧迫感，在利润最大化目标下，以社会利益为代价。由于市场投机性强，短期行为严重，而国内绿色产业缺乏资金、人才、信息等因素且投入较多，很多企

业都不愿引入先进的绿色技术。广大技术含量低、劳动密集型的高污染企业面临更高的生产成本，生产规模难以达到绿色经济的要求。其次，企业决策者对绿色创新的重要性认识不足，制约了绿色技术的发展。企业组织结构不合理，缺乏创新，绿色项目开发和服务中心普遍尚未建立，绿色技术信息网络和机制不健全。最后，在绿色营销方面，由于市场尚处于起步阶段，需求不明显，企业缺乏良好的营销渠道，导致创新方向难以预测。

（三）绿色行业受发达国家绿色壁垒的阻碍

国内绿色技术开发的周期长、费用高、风险大、利润相对较低，加之市场的不规范、不完善、不健全以及利益激励机制的不完备，缺乏对绿色投融资、绿色监管、绿色评价体系的统一规范，制约了绿色行业的发展。此外，还面临发达国家绿色壁垒的障碍。由于发展中国家出口产品的环保指数较发达国家相距甚远，特别是许多发达国家有意将进口商品标准和法规复杂化，制定内外有别的双重标准，通过贸易技术法规，披上合法的外衣，常以安全、卫生不符标准或技术法规为由限制进口。不少发达国家为了追求本国环境改善，将高污染工业向发展中国家转移，损害了发展中国家利益。

（四）消费者的绿色消费意识比较薄弱

首先，绿色产品的技术创新和低污染决定其较高的价格门槛，售价比一般产品高出 30%～100%，属于高层次理想消费，而我国目前整体收入水平不高，消费者实现消费行为的绿色化存在很大障碍。其次，我国绿色消费意识仍然比较薄弱，消费者很少考虑其使用甚至生产过程中对环境的影响。最后，由于广大消费者对绿色产品的认识还处于初级阶段，国家没有成立专门的绿色管理部门，使绿色产品市场尚未形成一个完善、规范的管理体制，较低的消费水平和薄弱的绿色消费意识以及绿色消费市场的不完善，使我国绿色消费处于低位消费的起点阶段。

二、加快发展我国绿色经济的建议

（一）积极培育和发展新兴绿色产业

在当前形势下，政府需要切实加强对发展绿色经济的引导。通过实施各种环境经济激励政策，推动技术创新和进步，促进产业部门的"绿色化"。通过发展循环经济和实施清洁生产，推进产业、产品结构调整以及技术的更新进步。除对传统产业进行绿色投资外，还要着眼于绿色产业的发展与调整，以新能源、新材料、可再生能源、环保产业等为切入点，培育新兴绿色产业和新的经济增长点，在新一轮全球经济发展进程中促进经济及早转型，努力抢占未来竞争的制高点，从而实现自身的可持续发展。

（二）将绿色经济纳入到经济社会发展综合决策

在环境与发展综合决策、经济刺激方案以及产业调整和振兴规划的执行过程中，要融入绿色经济的理念、措施和行动，真正体现科学发展观和"两型社会"建设的要求。要加强多部门紧密协作，加快制订绿色经济发展规划，并将绿色经济理念融入各部门、各领域的发展规划，从而推动国民经济各行业的全面"绿色化"。

（三）加快建立绿色技术创新体系

发展绿色经济，绿色技术是支撑。许多发达国家都认为，绿色经济可能会引领新一轮的技术和产业革命，并能够积极应对金融危机，因此，发达国家大力发展包括新能源、新型汽车等领域的绿色技术，从而确保国家技术竞争力处于全球的领先地位。我国应当对绿色技术发展给予必要的资金和政策扶持，促进绿色生产技术开发示范，进一步加快环境友好型技术的产业化进程，为发展绿色经济提供坚实的技术支撑。

（四）形成完善的绿色经济政策体系

为了适应我国绿色经济的发展，必须对相关政策进行调整和完善，建立起有效的政策保障体系。一是从再生产全过程制定环境经济政策，推动资源性产品的价格改革，促进环境污染外部成本内部化，制定有利于环境保护的财政政策和税收政策，研究开征环境税。二是积极研究绿色投资政策，促进重点产业的"绿色化"生产，加强对环保领域的金融服务和对境外投资的引导。三是建立绿色经济的统计、跟踪和评价机制，科学预测绿色经济的发展趋势，为更好地制定绿色经济发展相关政策提供有效支持。

（五）积极倡导公众绿色消费

发展绿色经济，必须建立可持续生产体系与可持续消费体系，二者不可偏废。随着我国经济的持续增长，人民生活水平不断提高，消费能力正处于升级转型阶段，为此倡导可持续消费和绿色消费具有重大意义。要以环境标志产品认证为重要平台和着力点，以政府绿色采购为重要的切入点和推动力量，引导公众自觉选择资源节约型、环境友好型、低碳排放型的消费模式。

（六）加强对绿色经济的宣传教育

要充分利用广播、影视、报刊等宣传媒介，进行绿色经济知识的普及、教育和宣传，开展各种形式的宣传活动，增强全民的绿色意识，尤其是青少年的环境意识教育。中小学教材中应增加绿色经济的内容，大学也应设置相关课程和专业，并通过举办各类培训班、研讨班等，全面系统地培训技术人员、管理人员和科研人员，为绿色经济发展提供优秀的人才队伍。

（七）积极开展绿色经济国际合作

中国作为发展中大国，要实现绿色发展，从根本上解决中国环境保护的诸多问题，就必须加强国际交流与合作。一是要加强绿色经济发展的对外交流，不断探索适合我国国情的绿色经济发展道路。二是与发达国家建立先进绿色技术的转让机制。三是加强与发展中国家的合作，将我国发展绿色经济的实践经验与有关发展中国家进行交流、共享。

参考文献

[1] 付玉林.乡村振兴视域中毕节试验区生态文明建设研究 [J].现代交际，2020（6）：241-243.

[2] 骆育芳.乡村振兴战略视域下乡村生态文明建设的路径研究 [J].乡村实用科技信息，2020（3）：53-55.

[3] 庄非非，刘洋.探析我国乡村生态文明建设的发展路径 [J].农家参谋，2019（11）：46.

[4] 王相丁，张帆.乡村振兴战略视域下乡村生态文明建设路径选择 [J].哈尔滨职业技术学院学报，2019（5）：89-91.

[5] 姜燕辉，邢思忠.乡村振兴战略视域下乡村生态文明建设 [J].区域治理，2019（48）：33-35.

[6] 范鲁山.乡村振兴战略视域下美丽乡村建设对策研究 [J].现代经济信息，2019（15）：9.

[7] 贺克斌.生态文明与美丽中国建设 [J].中国环境管理，2020，12（6）：7-8.

[8] 黄宁.新时代生态文明建设中的民生情怀研究 [D].哈尔滨：哈尔滨商业大学，2020.

[9] 姜彩英，吴俊霞，张伍超.现代林业发展与生态文明建设的几点建议 [J].农村实用技术，2019（1）：103-104.

[10] 刘飞海.现代林业发展对生态文明建设的重要性及建议 [J].安徽农学通报，2018，24（20）：122，148.

[11] 陈浩东，何伶俊，陈天放.坚持绿色发展理念科学推进江苏省海绵

城市建设 [J]. 江苏建筑，2019（6）：4-7.

[12] 杨帆，陈曦 . 浅析新时代生态文明思想的辩证内涵 [J]. 牡丹江师范学院学报（社会科学版），2019（6）：72-81.

[13] 余谋昌，王耀先 . 环境伦理学 [M]. 北京：高等教育出版社，2004.

[14] 曹海英 . 论人与自然和谐发展的价值观 [J]. 北京工业大学学报，2006（2）.

[15] 樊浩 . "生态文明" 的道德哲学形态 [J]. 天津社会科学，2008（5）.

[16] 杨柳，杨帆 . 略论中国建设生态文明的大战略 [J]. 探索，2010（5）.

[17] 杨立新 . 论生态文化建设 [J]. 湖北社会科学，2008.

[18] 唐爱军 . 中国特色社会主义的价值维度 [J]. 领导科学，2017（28）：21.